New
Generation
Dolls

各式各樣的人偶娃娃紛紛誕生。特別是最近，小而動人的角色扮演人偶娃娃
和個人發行的人偶娃娃受到矚目。我們將特刊編輯這些新世代娃娃。

照片攝影提供：葛貴紀

Obitsu body® 11

<JOINT 關節>
為了確保能靈活活動範圍的同時，Obitsu body的表面是設計成光滑的。考慮到穿上衣服時布的厚度，所以在上手臂和軀體之間的內側保持很棒的空間。當人偶穿上服裝時，若要擺動姿勢往往就會造成肩部、肘部、手腕、頸部脫落的問題。為了能調整軀幹、大腿、小腿及手臂的長度，一個階段可調整約增加3mm。

<IMPRESSION 感想印象>
手腕、腳踝部分有著柔軟的橡膠質感。身體有著塑膠材質的光澤跟軟質PVC製作的頭部質感不同，有一點可惜。期待半消光紋理的質感登場。目前，膚色正在發展五種顏色：自然膚色、白人膚色、超級白皙色、陽光膚色和乳白膚色。

<ATTENTION 注意>
建議穿Obitsu 11專用鞋前先穿襪子，因為腳踝零件若卡在鞋子裡面會很困擾。當你要取下腳踝或鞋子的磁鐵時，要小心磁鐵的方向（左右相互排斥），使用快乾等黏著劑黏上吧！

通用性人偶的身體，總高度約11cm（含頭部組裝）。這是一個引起手掌大小人偶風潮的娃娃。手肘和膝蓋是活動雙關節，可靈活的範圍很廣，盤坐和蹲坐也可以。因為在腳踝上有磁鐵的安裝，關節靈活力很強，所以它還可以在鐵板上單獨站立及展示不同姿勢。可以單獨購買身體再搭配市售的人物或娃娃頭部，享受自行組裝的樂趣，但在各式店家也有販售已組裝完成的人偶娃娃類型。最近，已經引入了人偶娃娃身高調節配件，可以透過更換配件將玩偶高度增高約1cm。

●製造商：OBITSU 製作所
●參考價格
「Obitsu body 11（只有身體部份）」1,500日元（1,700日元附磁鐵）
「Obitsu body 11身長差配件」600日元
●購買方式：Obitsu限量單版成品人偶娃娃只在Obitsu商店發行，身體單品在大型經售商或量販店都可採購。OB雜誌刊載的負責人「DONO-RE！」認為事前獲取活動資訊是競爭的關鍵。
https://www.obitsushop.com　https://shop.dono-re.com

OBITSU11

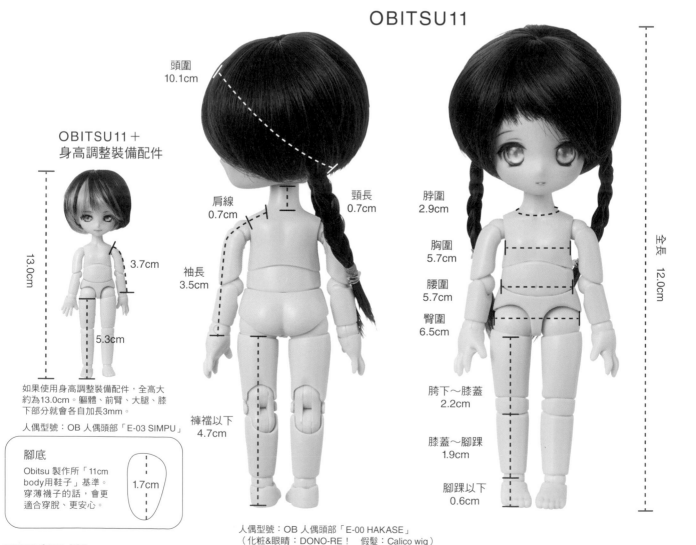

OBITSU11＋
身高調整裝備配件

13.0cm
3.7cm
5.3cm

如果使用身高調整裝備配件，全高大約為13.0cm。軀體、前臂、大腿、膝下部分就會各自加長3mm。
人偶型號：OB 人偶頭部「E-03 SIMPU」

頭圍
10.1cm

肩線
0.7cm

頸長
0.7cm

袖長
3.5cm

褲襠以下
4.7cm

脖圍
2.9cm

胸圍
5.7cm

腰圍
5.7cm

臀圍
6.5cm

全長　12.0cm

胯下～膝蓋
2.2cm

膝蓋～腳踝
1.9cm

腳踝以下
0.6cm

腳底
Obitsu 製作所「11cm body用鞋子」基準。穿薄襪子的話，會更適合穿脫、更安心。
1.7cm

人偶型號：OB 人偶頭部「E-00 HAKASE」
（化粧&眼睛：DONO-RE！　假髮：Calico wig）

Nendoroid doll

約2.5頭身的進化變身「Nendoroid」人偶誕生。從頸部以上可與Nendoroid 人偶系列互換，可以享受簡易的身體替換。為了能實現一個簡單的結構和寬廣的活動範圍，軀幹和髖關節周邊有一個獨特的關節結構，所以當製作更合身體線條的衣服時，如更緊身的褲子，應該會有點苦戰。很推薦給對於在視覺上不習慣把肘、膝蓋、手腕等關節從衣服裡裸露出來的人。然而，因為球體關節能使頸部、肩部、臀關節和腳踝等肢體能活靈活現的操作運用，可以在視覺上享受不受限的姿勢。

製造商：GOOD SMILE COMPANY
●參考價格
「Nendoroid doll 原型：男孩／女孩（僅限身體）」各1,852日元
「Nendoroid doll（全套）」4,167日元～
●購買方式：建議在GOOD SMILE公司的網路商店或合作商店（官方網站）進行預訂購買。
https://goodsmileshop.com/ja/

<JOINT 關節>
特色是用服裝隱藏一個前提為大膽的軀體分割。使胸部、腹部和腰部關節能保有自由擺動，隨著姿勢在胸部和肚臍下方能形成間隙。在製作彈性伸縮腰部衣服時，為了防止它進入到上下縫隙中，只需將它做在正中間的中央凹槽中即可。如果男女尺寸的大小感覺幾乎相同的話，是因為它有改變肩關節的位置，確實地在輪廓中存在性別差異。

<IMPRESSION 感想印象>
與Nendoroid的頭部配件相同，皆由PVC製成，帶有一點霧面質感。雖然鞋底上有一塊磁鐵，能有助於獨自站立，但因為頭部沉重，站立的時候使用附屬的支架，這是必須的。在我的印象中很少看到人偶娃娃附有後背站立用孔及臀部的螺絲孔。很輕易更換頭部和臉部的配件，是一件很令人愉悅的要點。此外，還有可以使頸部加長的關節，它可以輕易的透過衣領的輪廓區別正確使用!!就是這樣的印象感受。

<ATTENTION 注意>
除了照片的「桃色」外，尚有帶著一點褐色的"肉桂色"。在未來，期待開發出各種不同的膚色，以便可以享受替換現有角色人物的樂趣。但是，這是一種容易曬黑的材質，若是長時間把玩、裝飾臉部的狀況下，新品的身體和顏色之間容易會有顏色的差異出現。

Nendoroid doll（黏土人 人偶娃娃）
原型：女孩

脖圍
2.5cm

胸圍
5.7cm

腰圍
5.3cm

臀圍
6.7cm

胯下～膝蓋
1.7cm

膝蓋～腳踝
1.6cm

腳踝以下
0.5cm

全長14.0cm

肩線
0.7cm

袖長
3.6cm

頸長
0.3cm

褲襠以下
3.8cm

※由於產品處於開發階段，關於刊載的尺寸資料會是大概的數值。請理解這樣的狀況。

Nendoroid doll
（黏土人 人偶娃娃）
原型：男孩

5.8cm
5.4cm
13.9cm

男性身體可以感覺到外側的球體關節被設計成比較寬幅度的肩膀。胸部及腰部多少有比較壯一些。

腳底
跟Obitsu11 人偶等比較，感覺長度相對短了。期待開發專用的鞋子。

1.4
cm

Cu poche

<JOINT 關節>
肩膀、肘部、大腿、膝蓋和腳踝都是球體關節，它似乎是源自於動作的角色人物。頸部露出球體關節是很有趣的。雖然手腕只是簡單的嵌入式，但是附有各種姿勢的手腕，例如握手型和握拳型，可以期待Cu poche 角色系列更換手腕的樂趣。 頭部可以分割前後兩部分，由頭髮配件和臉部配件組成，頸部的更換也很容易。

<IMPRESSION 感想印象>
由於動作角色來說，關節的握持力是很高的，但是頭部很大，以人偶來說是一種障礙（長髮需注意）。 男孩在褲子和軀體之間，女孩在胸衣和腰部之間的關節有一個小間隙，可以做旋轉和輕微的傾斜動作。

<ATTENTION 注意>
因為身體線條空隙少、凹凸不均勻的體型也不多，服裝製作方便，也相對容易多了。因為頸部較短，領帶等裝飾用物品或高領設計需要多花點心思。在腳底有磁鐵及背部有一個連接孔，還附一個專用支架台。

人偶和塑料模型的製造商Kotobukiya公司發行2.3頭身的變形進化人物。從腳到頸部高約7cm，比Obitsu 11小一些。以遊戲和動漫等角色發展成公仔角色人物，但是這次我們介紹的是以原作人偶娃娃展開。此外，還有販賣只有軀體不附帶頭部，可以享受把角色人物的頭部組裝後變成人物公仔娃娃。雖然這是一個瓶頸，很少有娃娃具有獨特的尺寸和可交換性，期待「Cu poche 角色扮演」專用服裝套組的推出。

●製造商：KOTOBUKIYA
●參考價格
「Cu poche Extra　男孩/女孩 主體（僅限身體）」各2,700日元
「Cu poche Friends（全套）」各3,500日元～
●購買方式：可以從Kotobukiya的零售店或網路商店購買，甚至可以在大型量販店和郵購網站等購買，但也有只在Kotobukiya商店才能購買到的限量商品。
https://www.kotobukiya.co.jp

Cu poche
女孩

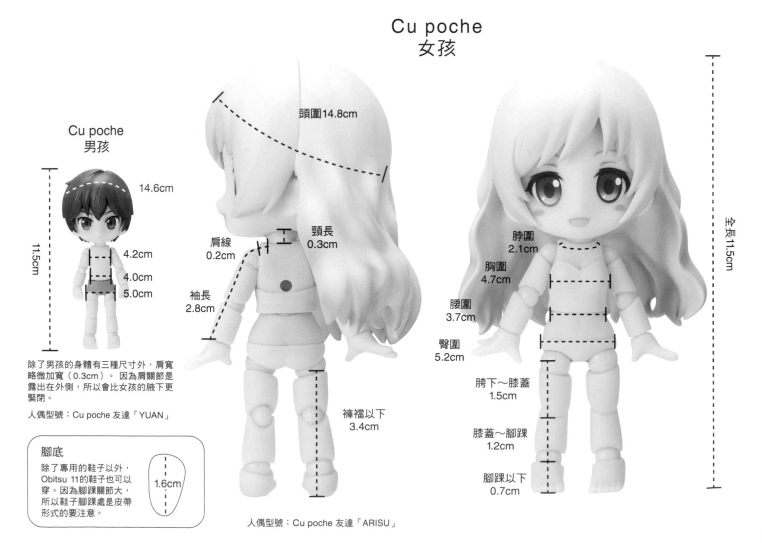

Cu poche
男孩

14.6cm

11.5cm

4.2cm
4.0cm
5.0cm

除了男孩的身體有三種尺寸外，肩寬略微加寬（0.3cm）。 因為肩關節是露出在外側，所以會比女孩的腋下更緊閉。

人偶型號：Cu poche 友達「YUAN」

腳底
除了專用的鞋子以外，Obitsu 11的鞋子也可以穿。因為腳踝關節大，所以鞋子腳踝處是皮帶形式的要注意。
1.6cm

頭圍14.8cm

肩線
0.2cm

頸長
0.3cm

袖長
2.8cm

褲襠以下
3.4cm

脖圍
2.1cm

胸圍
4.7cm

腰圍
3.7cm

臀圍
5.2cm

胯下～膝蓋
1.5cm

膝蓋～腳踝
1.2cm

腳踝以下
0.7cm

全長11.5cm

人偶型號：Cu poche 友達「ARISU」

Space Rabbit WR-7

「Space Rabbit WR-7」是1/12比例的可活動人偶素體模型套裝組。「Space Rabbit」專用頭部可以從個人特約經銷商「Candy Meteo」下單生產方式販售。由於1/12比例的可活動人物「武裝神姬」的客製化原作，帶動自製可活動人偶風潮。在開發過程中，結合人偶衣服和鞋子的作家及人偶製作者等人的意見，以人偶素體模型套裝組的方式，也能享受把玩人偶娃娃的樂趣而被認同支持。由於模型套裝銷售，購買後它是一個需要組裝身體和在眼睛上作畫的宇宙兔「Space Rabbit」，但因為是親手製作的人偶娃娃，更添加了可愛的程度。販售來源是來自於個人特約經銷，售後服務也很有深度，在組裝失敗的時候，進行諮詢可以受到親切的應對諮詢，讓喜好者能不猶豫的挑戰看看！

●製造商：CANDY METEOR（東京G-O）
●參考價格
「WR-7 一般膚質（僅限軀體）」9,800日元
「WR-7 頭部（僅限臉部及頭部）」3,400日元
●購買方式：從CANDY METEOR「WR-7 特設頁面」，可以於定期訂購的期間申請。會在官方部落格事先公告，所以可以事先確認也能安心。
http://candymeteorex1.at-ninja.jp/0_sr_wr-7.html

<JOINT 關節>
軀體是用彩色樹脂製成，全身約由45個配件組成。將輪軸嵌入活動部分零件內的PVC管中，透過摩擦力保持姿勢。零件的前後是以嵌入方式，管子只是單側黏著。由於在未黏合的另一側設計了細微的空間，所以輪軸可以靈活活動。髖關節和頸部能夠透過球體上下左右靈活轉動，尤其是髖關節，可以在不需分解的狀況直接做出坐下的動作，這一點是感到很自滿的。

<IMPRESSION 感想印象>
一點都不覺得它是自製的樹脂做出來的精密度。臉部配件設計成能嵌入眼睛的人臉，可以專注地享受瞳孔的著色，不用擔心突兀。軀幹因為是一體成形，服裝製作上也相對的簡單，褲襠部分的空隙也是儘量不明顯，即使是比較暴露的服裝，也很適合。
因為鞋底磁鐵的拉力，大眼內側擺姿勢是自然地確定成形。皮膚顏色除了照片的正常膚色外，也有白皙膚色、黝黑膚色、淺綠色膚色。可以享受結合多種面孔和髮型、髮色的搭配。

<ATTENTION 注意>
每次販售身體的時期，都會一點一點的不斷改良，第6.5期推出的身體是最新的。比最初發售的身體沒有縮小多少，對於太過合身尺寸的衣裝需要小心。

Space Rabbit WR-7

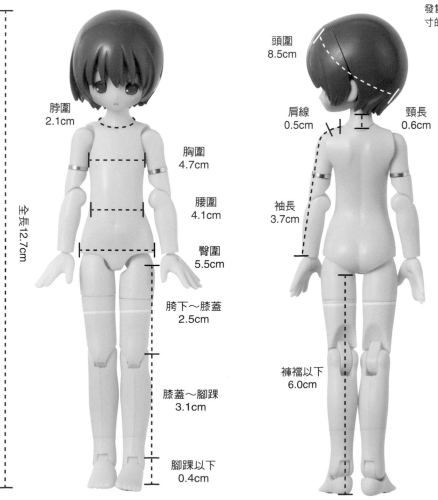

脖圍
2.1cm

胸圍
4.7cm

腰圍
4.1cm

臀圍
5.5cm

胯下～膝蓋
2.5cm

膝蓋～腳踝
3.1cm

腳踝以下
0.4cm

全長12.7cm

頭圍
8.5cm

肩線
0.5cm

頸長
0.6cm

袖長
3.7cm

褲襠以下
6.0cm

人偶型號：WR-7「星座1號・HINAGIKU雛菊」

▲工具配套組有附加組裝說明書。組裝部位的配件都有裝袋，初學者也能安心組裝。

腳底
因為強力磁鐵的關係，腳踝軸相對也就能很穩定的站立。Obitsu 11尺寸的鞋子也可以穿。

1.6cm

Picco neemo girl

<JOINT 關節>
發行初期，身體僅在腰部位置分割為上部和下部，手肘、膝蓋和手腕都是簡單的單方向回轉關節，但在關節強化版本中，每個關節都裝有帶旋轉軸的球體關節，增加了擺動寬度的擴大。特別是軀體可活動範圍加大，如彎曲、往後傾斜等活動的可能性。用軟質PVC製成的植毛類型之頭部的Lil' Fairy和Picco Cute等人偶，在頸部皆嵌入球體關節，所以頭部可以側斜、下巴可以上下牽引等動作，是很新鮮的嘗試。

<IMPRESSION 感想印象>
質感跟Pure neemo一樣，表面平滑但感覺是消光的霧面類型。因為它的體型小，所以沒有沈重的感覺，在沒有服裝狀況下的姿勢，就能毫不費力的保持站立。但是它很容易受到布質的排斥，就如穿厚重的衣服時會有點不順手。由於四肢關節非常小而且精緻，因此需要注意因掉落和脫落所造成的遺失。如果不擅長收納處理小物件的人，建議使用D型。但是它看起來比實際更加穩重堅固。

<ATTENTION 注意>
D型在手腕和腳踝處較粗大，因此服裝選擇及製作上需要特別注意。這次刊載的D型紙型，如果縮短袖子和褲子長度的話，可以應用在1/12人偶用的紙型。此外，在穿換衣服時必須拆下手腕及腳踝。如果手肘及膝蓋以下的部分都能拆下來，會更好穿搭衣服也說不定哦！

將Azone International公司約1/6的原始身體「Picco neemo」樣式原封不動的尺寸，縮小到1/12尺寸的可活動身體。尺寸有全高約13.0cm的S型及約14.0cm 的M型（刊載尺寸為S型），被用於「Picco ☆ Cute」系列和「Assault Lil'」系列..等。另外，還有被使用在前臂、手腕、膝蓋、腳踝進化到更大尺寸（更厚）的D型，（刊載尺寸是D妹型）以及Lil' Fairy..等等系列。 Picco neemo也有販賣身體單品，還有製作頭部配件可以自行在臉部上色的原創客製娃娃，可以享受和「FRAME ARMS GIRL」和「MEGAMI DEVICE」等相同比例的動作人物一起搭配的樂趣。

●製造商：AZONE INTERNATIONAL
●參考價格
「1/12 Picco neemo M/S/D/D妹身體關節強化版（只有身體）」各2,200日元
「1/12 Custom Lil'（全套）」6,500日元～
「1/12 Lil' Fairy（全套）」8,300日元～
●購買方式：亞馬遜直營店以及在亞馬遜網站預購。請注意，因為依材料能生產的數量有限，預購滿單後就會提早結束訂購。
https://www.azone-int.co.jp/azonet/

Picco neemo D女孩身體

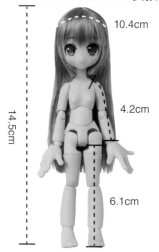

10.4cm

4.2cm

6.1cm

14.5cm

手臂及膝蓋下方的末端都是比較粗大的D型身體。長度差異為 ±0.1～0.2mm，並沒有很大差別，但袖口和下襬開口比較寬，這點需要注意。

人偶型號：Lil' Fairy「Elno」

腳底
腳底跟S/M 1.3cm可共用。D型為2.3cm。可以穿腳踝不繫帶型的Picco neemo用鞋子。

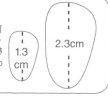

1.3 cm

2.3cm

Picco neemo S女子身體

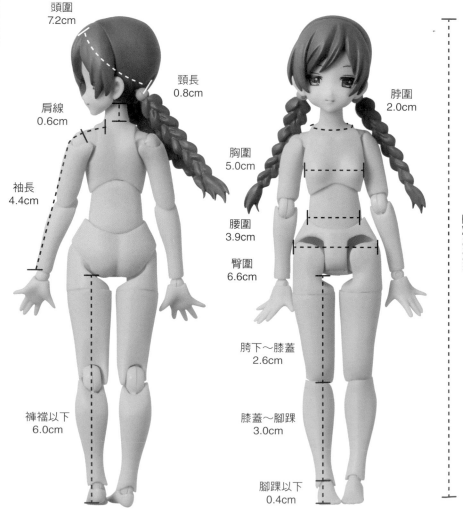

頭圍 7.2cm

頸長 0.8cm

肩線 0.6cm

脖圍 2.0cm

袖長 4.4cm

胸圍 5.0cm

腰圍 3.9cm

臀圍 6.6cm

胯下～膝蓋 2.6cm

膝蓋～腳踝 3.0cm

褲襠以下 6.0cm

全長13.0cm

腳踝以下 0.4cm

人偶型號：1/12 Custom Lil'「TYPE-D（Light Brown）」

Picco neemo boy

為了響應約為原版1/12比例可活動身體「Picco neemo」的人氣,而新登場的男性身體。截至2018年發行的只有高度約14.5cm的關節加強M版型(在活動S版型及D兄弟版型也有展示),男孩類型的「Lil' Fairy」是以「Picco男子」的人物風格塑造的娃娃人偶。目前沒有單獨銷售身體單品。「Picco男子」是像「Custom Lil'」一樣的活動人偶造型的髮型來表現,可以用臉部配件跟頭部配件來變換組裝,這是一個能製作自己喜歡的角色人偶構造。

- ●製造商:AZONE INTERNATIONAL
- ●參考價格
  「1/12 Picco男子(全套)」7,300日元~
  「1/12 Lil' Fairy(全套)」8,300日元~
- ●購買方式:亞馬遜直營店以及在亞馬遜網站預購。請注意,依材料能生產的數量,預購滿員後就會提早結束訂購。
  https://www.azone-int.co.jp/azonet/

<JOINT 關節>
用跟Picco neemo女子關節加強版相同的關節結構,身體分3個配件及膝蓋和上臂略微不同的男子造型。用Picco neemo男女共用特徵,因為肩膀的球體關節配件帶動的斜角旋轉,把髖關節球體關節隱藏起來的大腿配件讓穿上衣服時能維持身體的曲線,還能確切保持活動的範圍。為了能讓腰部活動超過90度彎曲,在微小結構中保持適當的空間。

<IMPRESSION 感想印象>
跟女子一樣沒有亮度,但有平滑的質感。男子的身體以女子M版型為基本,鞋子和手腕等可優先交換。在素體方面,前臂和手腕、腳踝是較小的尺寸,感覺較中性。軀體的3個配件,男性的胸部是由胸脯版型成型,肩部的球體關節比女子的還要高,並且寬出肩膀外側,是較寬廣肩膀配置。腹部的配件比女子更細瘦,有腹肌的造型,身軀下方腰部配件的臀部更結實。

<ATTENTION 注意>
軀體的配件構造為了維持肢體活動的範圍而保有應有的空隙,特別是腰部非常纖細,非常合身的衣服,看起來會很有腰身。 褲子類在臀圍部分預留出臀形,腰圍做比較寬鬆的話,看起來會更棒。另外一點,在製作男子服裝的訣竅上,把肩寬確實的取下就可以很明確的判斷跟女子服裝的差異化。

Picco neemo boy
M 男子身體

頭圍
6.8cm

脖圍
2.0cm

肩線
0.8cm

頸長
0.8cm

胸圍
5.2cm

袖長
4.5cm

腰圍
3.8cm

臀圍
6.2cm

全長14.5cm

胯下~膝蓋
3.5cm

褲襠以下
7.3cm

膝蓋~腳踝
3.4cm

腳踝以下
0.4cm

人偶型號:1/12 Picco男子「有藤Riku(yellow ver.)」

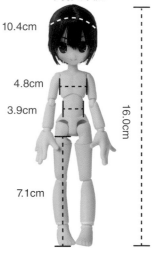

Picco neemo
D男孩身體

10.4cm

4.8cm

3.9cm

16.0cm

7.1cm

D身體男孩類型的印象是比造型有胸肌及腹肌等M男子還平坦。手掌張開的手腕寬幅為2.3cm。

人偶型號:Lil' Fairy「AREN」

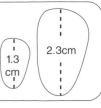

腳底
M男子的腳底以及1.3cm的女子S/M通用。D型為2.3cm。繫帶式型態的1/6靴子也能穿。

1.3cm

2.3cm

Harmonia bloom

人偶角色製造商Good Smile公司把最初發行的「Harmonia Bloom」作為第一個人偶娃娃品牌。Good Smile公司的開發團隊很想要把人氣原型師石長櫻子Isako Sakurako（植物少女園）傳統工法的球體關節人形身體曲線納入動作角色人物的關節構造裡。它的特點是女性化的小手腕、小腳踝和假眼球型態的大頭。眼睛是黃銅色眼睛，眼窩上已貼有睫毛及戴上假髮的組合。我們預計從開發的第一彈「Hanamoto Hagumi（蜂蜜和三葉草Honey and Clover）」開始的人物角色系列和花語構想的原創人偶系列展開。

●製造商：GOOD SMILE COMPANY
●參考價格
「Harmonia bloom Hanamoto Hagumi」25,000日元
●購買方式：肯定能在Good Smile公司的線上商店預購（由於數量有限，在達到生產上限時，就會結束預訂）。
https://goodsmileshop.com/ja/

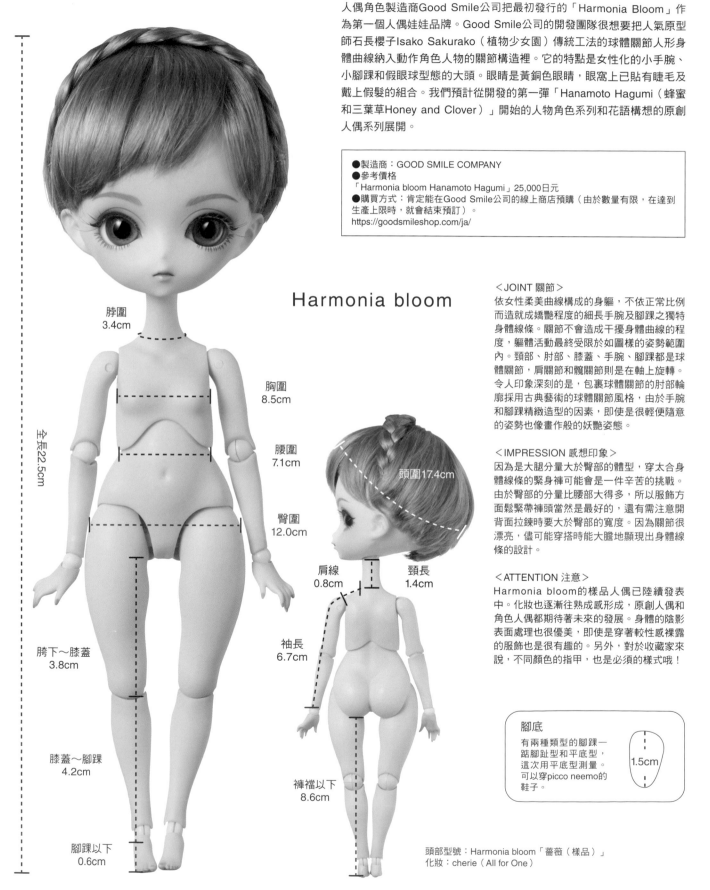

Harmonia bloom

脖圍 3.4cm
胸圍 8.5cm
腰圍 7.1cm
臀圍 12.0cm
頭圍 17.4cm
肩線 0.8cm
頸長 1.4cm
全長22.5cm
胯下～膝蓋 3.8cm
袖長 6.7cm
膝蓋～腳踝 4.2cm
褲襠以下 8.6cm
腳踝以下 0.6cm

腳底
有兩種類型的腳踝—踮腳趾型和平底型，這次用平底型測量。可以穿picco neemo的鞋子。
1.5cm

＜JOINT 關節＞
依女性柔美曲線構成的身軀，不依正常比例而造就成嬌艷程度的細長手腕及腳踝之獨特身體線條。關節不會造成干擾身體曲線的程度，軀體活動最終受限於如圖樣的姿勢範圍內。頸部、肘部、膝蓋、手腕、腳踝都是球體關節，肩關節和髖關節則是在軸上旋轉。令人印象深刻的是，包裹球體關節的肘部輪廓採用古典藝術的球體關節風格，由於手腕和腳踝精緻造型的因素，即使是很輕便隨意的姿勢也像畫作般的妖艷姿態。

＜IMPRESSION 感想印象＞
因為是大腿分量大於臀部的體型，穿太合身體線條的緊身褲可能會是一件辛苦的挑戰。由於臀部的分量比腰部大得多，所以服飾方面鬆緊帶褲頭當然是最好的，還有需注意開背面拉鍊時要大於臀部的寬度。因為關節很漂亮，儘可能穿搭時能大膽地顯現出身體線條的設計。

＜ATTENTION 注意＞
Harmonia bloom的樣品人偶已陸續發表中。化妝也逐漸往往熟成感形成，原創人偶和角色人偶都期待著未來的發展。身體的陰影表面處理也很優美，即使是穿著較性感裸露的服飾也是很有趣的。另外，對於收藏家來說，不同顏色的指甲，也是必須的樣式哦！

頭部型號：Harmonia bloom「薔薇（樣品）」
化妝：cherie（All for One）

b.m.b CHERRY

關於「Be my baby! CHERRY」是miyuki odani小姐借由群眾集資方式而完成的商品PVC材質的「CHERRY」人偶娃娃。最優先考量穿睡衣時能展現身體線條，所以將關節限定做到最小狀態，成為一個豐腴胖瘦合宜的體態。Cherry的最大特點是miyuki odani小姐自己逐一親自完成化妝。眉毛、瞳孔、睫毛和眼妝等都是手繪的，所以每一個都是唯一的。在日本和海外的活動，以及每年幾次在線上銷售的時間也能買得到。因為數量有限，會依照訂購先後順序。

● 製造商：DOLL HOUSE by miyuki odani
● 參考價格
b.m.b.CHERRY 34,000日元～
● 購買方式：從活動以及DOLL HOUSE網路商店的下單期間申請訂購。 在miyuking的Instagram等，會有提前通知。
http://www.doll-house-web.com

< JOINT 關節 >
雙手和雙腳都可以活動，身體極為簡單的Kewpie寶貝具有相同的結構，但是當腿呈90度彎曲時，髖關節設計成膝蓋不打開的角度，肩膀的背部側邊加寬，鎖骨側就沒有空間，肩關節只能向前傾斜旋轉等等，造成穿著休閒的時候已經成為一種刻意的分割。在頸部有一個圓形突起，形成了如煞車器的效果，可以精細地調整頸部的角度。

< IMPRESSION 感想印象 >
無論製造商們再怎麼切磋琢磨努力把人偶娃娃變小或活動更靈巧，但是在極其簡單的關節結構誕生，更獲得歡迎的CHERRY的存在，於近年來在玩偶業界的演變中投下一枚震撼彈。重新認知即使在人偶迷中，不論是動作派和人體模特派都是根深蒂固的。但是「只要可愛的話哪一種都好」派系的也很多也說不定。

< ATTENTION 注意 >
臉部和身體均由PVC（軟質塑料）製成，因此需要注意顏色的變化（如褪色）。由於腳底是踮腳尖的形狀，所以不可能赤腳站立。推薦穿上CHERRY專用鞋子等的高跟鞋，就可以站起來。

腳底
以踮腳尖高跟鞋為前提。可以穿上Rika和momoko等1：6有鞋根類型的部分鞋子。
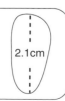
2.1cm

---

be my baby ！
CHERRY

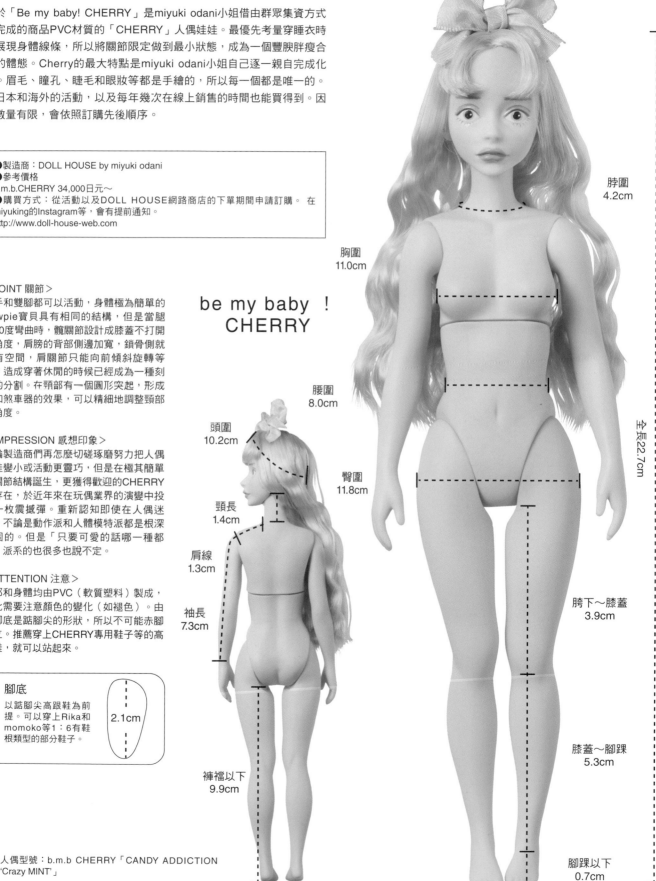

脖圍
4.2cm

胸圍
11.0cm

腰圍
8.0cm

頭圍
10.2cm

臀圍
11.8cm

頸長
1.4cm

肩線
1.3cm

袖長
7.3cm

胯下～膝蓋
3.9cm

膝蓋～腳踝
5.3cm

褲襠以下
9.9cm

腳踝以下
0.7cm

全長22.7cm

人偶型號：b.m.b CHERRY「CANDY ADDICTION 'Crazy MINT'」

六分之一男子圖鑑指南

PETWORKS DOLL事業部的momoko DOLL系列，剛開始是從ruruko和dekoniki、usagi（兔子）等一一出品。PW將人偶娃娃玩樂提昇至從兒童遊戲到成人也可以享受的愛好玩具，在平成年最後提案新的玩偶是「六分之一男子圖鑑指南」。不是以momoko的男友身份，是完全被企劃成一個獨立的系列。預計發行兩種人偶娃娃型態，一是高度為28cm瘦長體型少年風的EIGHT 和高度為29cm健身肌肉體型的NINE。這次的尺寸及活動性和最終型態大致上相同，是以成型樣品的身體來測量尺寸。

●製造商：PETWORKS DOLL事業部
●參考價格：價格未定
●購買方式：預計在PETWORKS 等商店發售。PETWORKS 人偶事業部的網址和官網SNS會事先預告。
http://www.petworks.co.jp/doll/

＜JOINT 關節＞
活動範圍是momoko DOLL現在發行之身體（MB02）的構造再延伸發展出來的。肘關節部分、上臂內側軸旋轉和前臂的方向變化是一樣的，但是手腕及腳踝的關節變成球體關節後，手腕的方向跟腳部的角度也變成能自由變化。當初根據EIGHT只改變1-2個配件，換上身高差距，打算改造成NINE，但是看起來全身比例不佳，後來再加上修正，全身幾乎已是不同配件構成的感覺（共用的配件大約是手腕及腳踝）。

＜IMPRESSION 感想印象＞
EIGHT和NINE 雖然高度只相差1cm，但整體的輪廓感覺有很大的差異。特別是穿著毛衣等相同的上衣時，單單只是肩寬的不同，驚訝的是連袖長上的差異也不同。甚至褲子的長度也能感覺有很大的改變，EIGHT穿上褲子的長度是到腳踝，NINE穿上褲子時的長度則像是七、八分褲。

＜ATTENTION 注意＞
身體的素材觸感預計跟momoko DOLL一樣的硬質塑膠材質。只有頭部是軟質塑料製，以利於植入毛髮。鞋子是為了能跟momoko穿的運動鞋和靴子共用，腳雖然不大，但是從整個身體輪廓，腳的部分看起來是緊實的，所以很推薦像目前穿脫方便的無鞋帶類型。期待今後會有男子也可以穿的1/6男款鞋子製品。

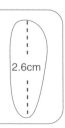

腳底
跟momoko人偶娃娃等系列相比是比較大一點，但是以整體的比例來說腳踝算是小的。期待未來會有赤腳時有更大的腳踝。

2.6cm

人偶型號：六分之一男子圖鑑指南
「EIGHT（樣品）」「NINE（樣品）」

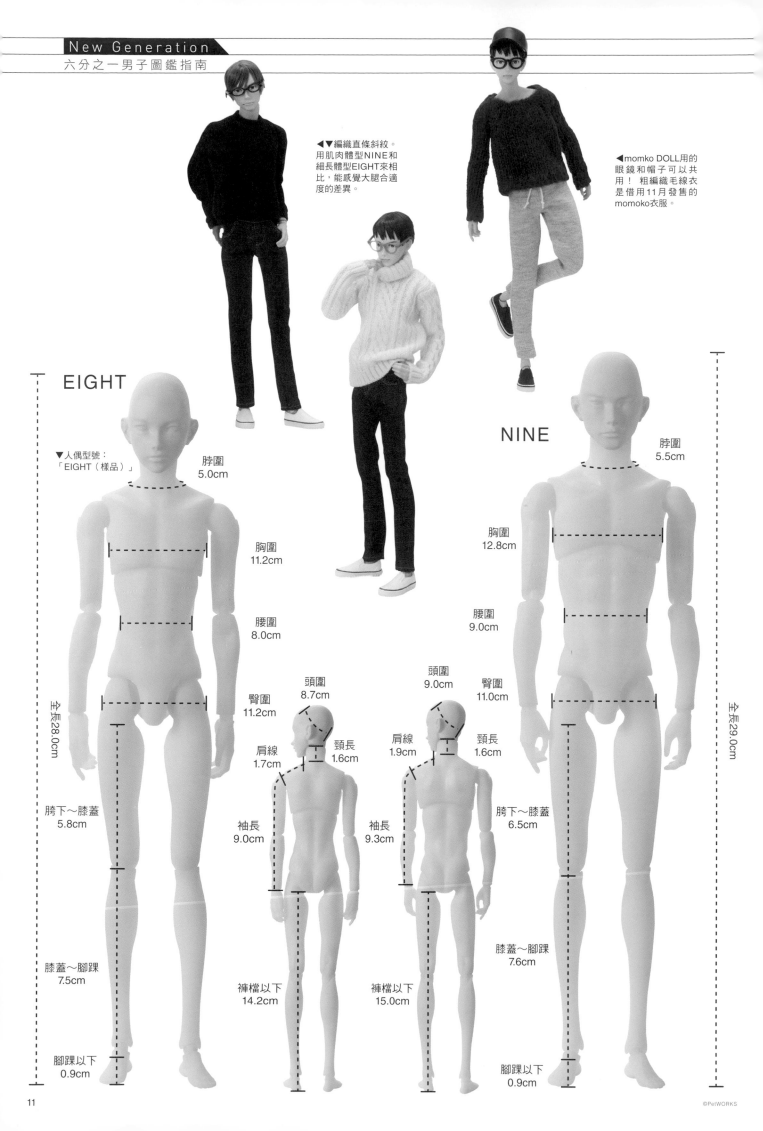

◀▼編織直條斜紋。用肌肉體型NINE和細長體型EIGHT來相比，能感覺大腿合適度的差異。

◀momko DOLL用的眼鏡和帽子可以共用！粗編織毛線衣是借用11月發售的momoko衣服。

EIGHT

▼人偶型號：「EIGHT（樣品）」

脖圍 5.0cm

胸圍 11.2cm

腰圍 8.0cm

臀圍 11.2cm

全長28.0cm

胯下～膝蓋 5.8cm

膝蓋～腳踝 7.5cm

腳踝以下 0.9cm

頭圍 8.7cm

肩線 1.7cm

頸長 1.6cm

袖長 9.0cm

褲檔以下 14.2cm

頭圍 9.0cm

肩線 1.9cm

頸長 1.6cm

袖長 9.3cm

褲檔以下 15.0cm

NINE

脖圍 5.5cm

胸圍 12.8cm

腰圍 9.0cm

臀圍 11.0cm

全長29.0cm

胯下～膝蓋 6.5cm

膝蓋～腳踝 7.6cm

腳踝以下 0.9cm

PARDOOL

<JOINT 關節>
PARDOLL最具特色的是用軟質素材包覆著髖關節的內褲（臀部）配件。嵌入髖關節的大腿部分是圓形曲線，多少會影響活動的部位，因為不妨礙臀部側面的柔軟，即使彎曲到90度也能保持臀部的圓形線條。像會把腿破壞的橫式坐姿和把膝蓋以下的小腿左右壓開的正座等更像女孩子的動作，感到得意。臀部和頸部的球體關節除了正常的軸旋轉外，在接收側的可活動範圍內具有上下把玩的功能，肩膀的間隔還可以加寬、縮短、頸部的拉引及仰頭等動作，可以享受更多活動動作的樂趣。

<IMPRESSION 感想印象>
內褲部分的配件是由軟質樹脂製成的，在質地上與其他身體部位不同，但是透過改變顏色做成的褲型完全徹底除去任何違和感。因為內褲的面積盡可能的小，所以從腰部到臀部的線條很漂亮，低腰的短褲非常適合。另外，對於喜歡給人偶穿著緊身迷你裙卻穿上內衣褲卻擔心布材質的內褲會映在衣服輪廓上的人來說，這可能是一個很好的做法。

<ATTENTION 注意>
在此介紹的是試作的樣品身體，最終成品的尺寸會有所差異。需要注意的是有可能在最終階段發佈的尺寸是略微縮小的版本。PARDOLL預計於2018年冬季至2019年春季左右正式發行。

人偶角色製造商 "PHAT COMPANY" 和人偶角色原創製作人 Tenna Kanji 先生聯合開發的動作人物「PARFOM」將玩偶系列開發為 "PARDOLL"！ PARFOM的特色是從臀部到大腿保有分量的自身變形體態，很多動漫和遊戲等人氣人偶角色都已發行。雖然人偶娃娃系列原創角色正預定展開中，但可以享受更換頭部的樂趣。

●製造商：PHAT COMPANY
●價格未定
●購買方式：可以在販賣代理店的「GOOD SMILE COMPANY 線上商店」預訂購入、亞馬遜國際組織（店面、亞馬遜網站）、還有角色人偶娃娃經銷商店。
https:// goodsmileshop.com/ja/

PARDOLL

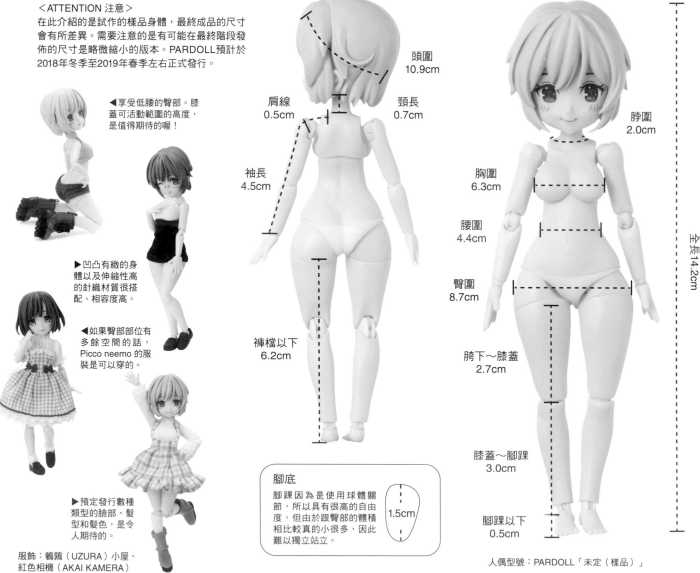

◀享受低腰的臀部。膝蓋可活動範圍的高度，是值得期待的喔！

▶凹凸有緻的身體以及伸縮性高的針織材質很搭配、相容度高。

◀如果臀部部位有多餘空間的話，Picco neemo 的服裝是可以穿的。

▶預定發行數種類型的臉部、髮型和髮色，是令人期待的。

頭圍 10.9cm
肩線 0.5cm
頸長 0.7cm
袖長 4.5cm
褲檔以下 6.2cm

脖圍 2.0cm
胸圍 6.3cm
腰圍 4.4cm
臀圍 8.7cm
胯下～膝蓋 2.7cm
膝蓋～腳踝 3.0cm
腳踝以下 0.5cm
全長14.2cm

腳底
腳踝因為是使用球體關節，所以具有很高的自由度，但由於跟臀部的體積相比較真的小很多，因此難以獨立站立。
1.5cm

服飾：鵪鶉（UZURA）小屋、紅色相機（AKAI KAMERA）
鞋子：AZONE INTERNATIONAL
©Phat!

人偶型號：PARDOLL「未定（樣品）」

New
Generation
Dolls

※身體的測量方式是用1mm寬的身體曲線膠帶（body-line type）纏繞再剪斷，貼在圖表紙上再完成測量身體的尺寸，多少還是會產生誤差。
※在2018年10月標示之不含稅金額就是參考價格。目前有些產品已販售結束。

Nendroid Doll
by Rico*

Good Smile Company「黏土人 人偶娃娃」

對於裁縫初學者，我們建議用極為簡單的一張版型就可以製作衣服。
讓我們縫製如圖的假背心及假領帶，
一起試做男女都可以使用的基本型褲子吧！

服裝：Rico*（Vanilatte）
模特兒：Emiri（樣品）／Ryo（樣品）

Nendroid Doll尺寸的
「Tromp l'oeil（錯覺畫）T恤」和「褲子」
by Rico

材料（橫向×縱向）

「Tromp l'oeil（錯覺畫）T恤」
☐平紋針織…15cm×15cm
☐麻紗棉（背心用）…10cmx10cm
☐魔術貼…0.8cm×3.5cm
☐裝飾配件…個人喜好

「七分褲／短褲」
☐麻紗棉（共用）…10cm×15cm
☐單面荷葉邊緞帶（短褲用）…0.8cm×10cm
☐3mm 鬆緊帶（共用）…10cm

7.

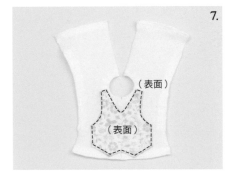

將背心固定在T恤的前身片中心，用黏合劑暫時固定，背心的周圍車縫上一圈的縫合線。

4.

前片和後片下襬的縫份剪出小牙口，往內摺後暫時用黏合劑固定，然後在下襬部位車縫上縫合線。

1.

把材料準備好，沿著紙板的邊描線後再裁切下來。麻紗綿等防止布邊散開需要先做防綻處理。

8.

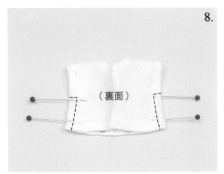

T恤的側邊正面對正面對齊縫合。

5.

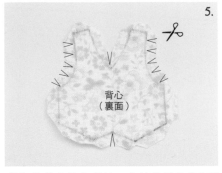

背心縫份上的角剪掉，曲線的部分剪出牙口。

2.

T恤的袖口和領口接縫處的縫份剪出細小的牙口，往內摺後暫時用黏合劑固定。

9.

將腋下的縫份剪出牙口，翻至正面。

6.

縫份往內摺，用黏合劑暫時固定。

3.

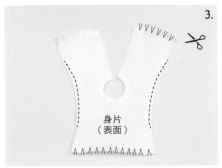

布料的底下墊上牛皮紙，袖口和領口車縫上縫合線。車縫好之後將牛皮紙剝除。

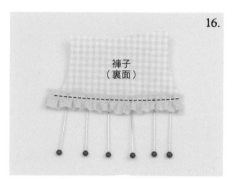

16.

在下襬的裏面放上蕾絲，用縫紉車縫。

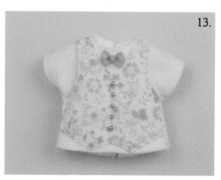

13.

鈕釦或裝飾的物品用手縫固定，假兩件背心T恤完成。

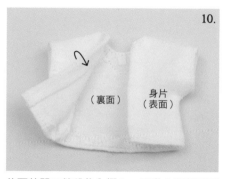

10.

後面的開口縫份往內摺入，用黏合劑暫時固定。

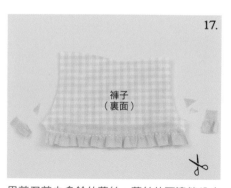

17.

用剪刀剪去多餘的蕾絲，蕾絲的兩邊縫份也剪下斜角。

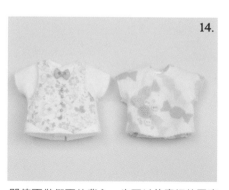

14.

即使不做假兩件背心，也可以依喜好的圖案裝飾T恤。

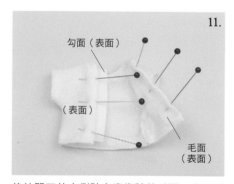

11.

後片開口的右側貼上魔術貼的毛面，左側貼上魔術貼的勾面並突出5mm寬，用珠針固定好。

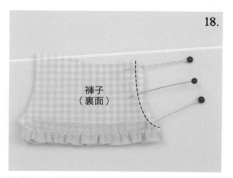

18.

左片和右片的褲子正面對正面對齊縫合，前片褲子褲檔以上的部位皆縫合。

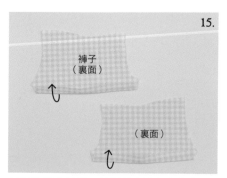

15.

接下來製作褲子。褲子的左片和右片的下襬縫份往內摺，用熨斗壓燙平整。

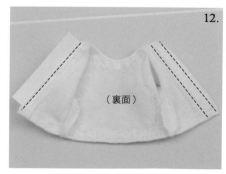

12.

魔術貼表面縫合壓線固定。

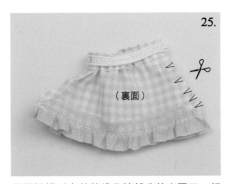

25.

後面褲檔以上的縫份曲線部分剪出牙口，把縫份展開。

26.

展開後將褲檔以下縫合。縫份部分的曲線剪出牙口，翻回正面。

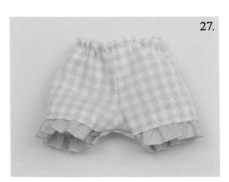

27.

女孩的短褲完成。

22.

腰部的裏側放上鬆緊帶，一邊拉緊，一邊車縫固定，以先前做的記號為標準，一端開始到前片中心點為2.5cm，到尾端為5cm。

23.

車縫後，將多餘的鬆緊帶剪掉。

24.

褲子後片褲檔以上正面對正面對齊縫合。

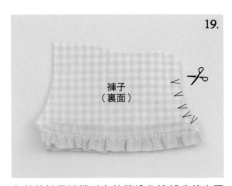

19.

在前片褲子褲檔以上的縫份曲線部分剪出牙口，將縫份展開。

20.

腰線的縫份往內摺並整燙。

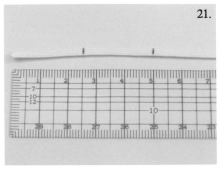

21.

準備3mm寬的鬆緊帶，從一端開始2.5cm、5cm的位置做上記號。

男孩的七分褲完成。

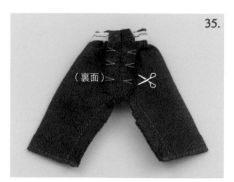

縫份曲線剪出牙口後翻回表面。

褲檔以下部位縫合。

後片褲檔以上部位正面對正面對齊縫合，縫份曲線剪出牙口後將縫份展開。

剪掉多餘的鬆緊帶。

腰部的內側放上鬆緊帶，一邊拉緊，一邊車縫固定，一端開始到前片中心點為2.5cm，到尾端為5cm。

腰線的縫份往內摺並整燙，3mm鬆緊帶從一端開始2.5cm和5cm的位置做記號。

左片和右片的褲子正面對正面對齊後，從褲檔以上的縫份壓線縫合，將縫份曲線的部位剪出牙口並將縫份展開。

男孩的七分褲也是相同，褲子的下襬縫份往內摺，用黏合劑暫時固定，車縫壓線。

Picco neemo
by 紅色相機（AKAI KAMERA）

Azone International「Picco neemo」

紅色相機（AKAI KAMERA）提案的「襯衫」和「褲子」，
身長不同的男女可共用，搭配成七分袖跟Picco D也能共同使用！
1/12全體人偶娃娃都可以運用，是一個全能的類型。

Picco neemo S/M 尺寸的
「襯衫式連身裙」
by 紅色相機（AKAI KAMERA）

材料（橫向×縱向）

「襯衫式連身裙」
□直條紋棉布…25cm×10cm
□麻紗綿（領子用）…10cm×10cm
□4mm緞帶…3.5cm
□4mm鈕釦…1顆
□1.5mm串珠…4顆
□中國結用繩…22cm

7.

多餘的部分剪掉

領口縫好之後，留下縫份1.5mm，左邊和右邊多出來的部分剪掉。

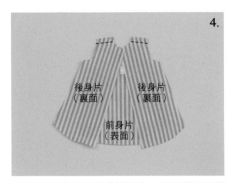

4.

後身片（裏面）　後身片（裏面）

前身片（表面）

前身片和後身片的肩線對齊，正面對正面縫合。

1.

將附錄的紙型描在布料上剪下（領子部分請斜著裁布），如是棉麻紗之類的布料邊，請做防綻處理以免散開脫線。

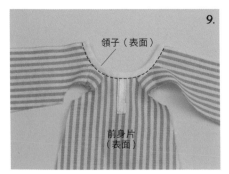

8.

領子（表面）

前身片（裏面）

將領口的縫份摺起來包住領口，用珠針暫時固定。

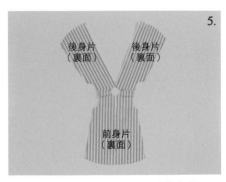

5.

後身片（裏面）　後身片（裏面）

前身片（裏面）

縫份展開後並整燙，領口的部位剪出牙口。

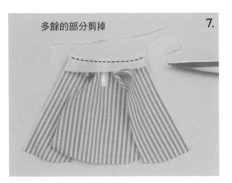

2.

前身片（表面）

4mm緞帶的一端取大約3mm摺起來，縫在前身片的領子邊上。

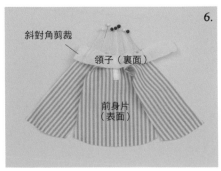

9.

領子（表面）

前身片（表面）

在領口邊緣車縫上縫合線（摺邊縫）。

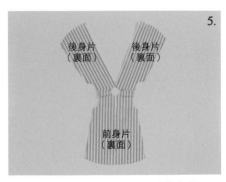

6.

斜對角剪裁

領子（裏面）

前身片（表面）

斜著裁剪領口的部分，領子正面對正面對齊之後用珠針暫時固定。

3.

緞帶如圖示做コ字形車縫，將多餘的部分剪掉。

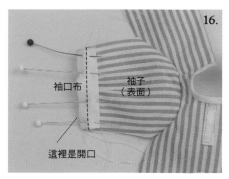

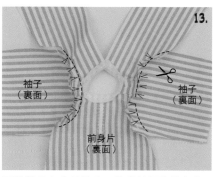

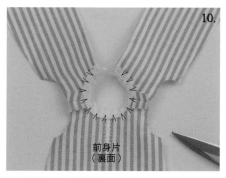

袖口布放在袖口上（開口在手的側邊），車縫上縫合線。

兩隻袖子和身片縫合，縫份的部位剪出小牙口。

領圍的縫份曲線剪出牙口。

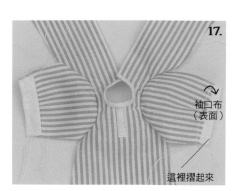

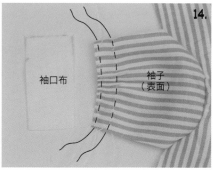

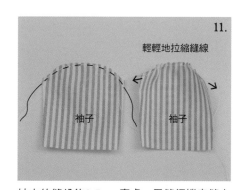

袖口布翻回正面並整燙。

袖口用車縫上約2.5mm寬的縮縫線，車縫後是兩條橫過袖子的平行線，拉緊縮縫後配合袖口布的寬度。

袖山的縫份約2.5mm寬處，用縫紉機車縫上縮縫並輕輕的拉緊。

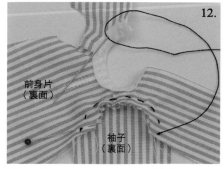

將袖子表布殘留下來縮縫的粗縫線拆除。

袖口布的表布對摺並整燙。

袖圍和袖山正面對正面對齊之後粗縫固定。

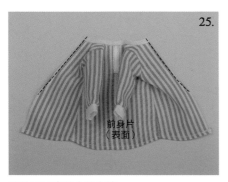

後片開口車縫上縫合線。

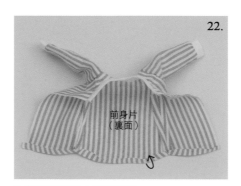

下襬的縫份往上摺並整燙。

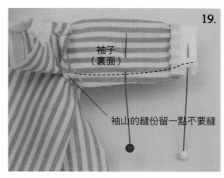

袖口到腋下正面對正面對齊縫合。

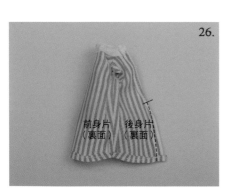

將後片中心到止縫線以下正面對正面縫合。

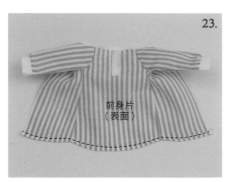

下襬車縫上縫合線。

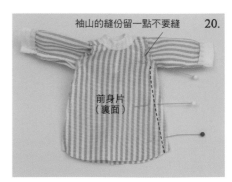

身片下襬到腋下正面對正面對齊縫合。

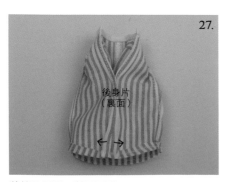

將縫份展開，翻至正面。

後片開口上方到止縫線的部位往內摺並整燙。

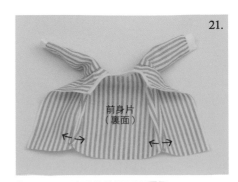

翻回正面，腋下的縫份展開壓平。

Picco neemo M 尺寸的男孩子的
「立領襯衫」、「錐型褲」

材料（橫向×縱向）
「錐型褲」
□棉麻紗…20cm×10cm
□2mm燙銅片…1片
□4mm鈕釦…1顆

「立領襯衫」
□直條紋棉布…25cm×10cm
□棉麻紗（領子用）…10cm×10cm
□4mm緞帶…3.5cm
□1.5mm串珠…4顆
□棉質魔術貼…1.2cm×5cm

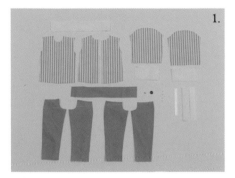

1.

將材料備好，附錄紙型描在布料裁剪（領子部分請斜著裁布）並做防綻處理。襯衫作法請參考「襯衫式連身裙」。開始製作褲子。

31.

腰帶用中國結繩穿過，襯衫式連身裙完成。

28.

後片開口的部分用線縫上鈕釦和扣環。

2.

褲子前片（裏面）

褲子前片的左片和右片從褲檔以上正面對正面對齊縫合。

32.

後面完成。

29.

前片中央的緞帶上面縫上串珠。

3.

褲子前片（裏面）　褲子前片（裏面）

褲檔以上的縫份剪出牙口，翻回正面，縫份展開。

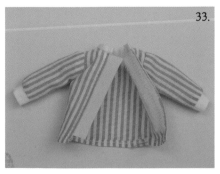

33.

如果是男版襯衫，後片開口的部分縫上魔術貼。

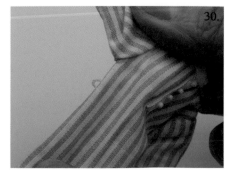

30.

兩邊腋下用線縫上腰帶環。

10.

腰帶和腰圍縫合。

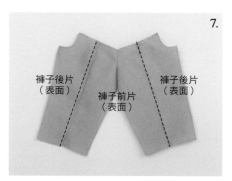

7.

褲子後片的側邊壓上縫合線。

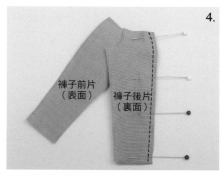

4.

褲子前片和褲子後片的側邊正面對正面對齊縫合。

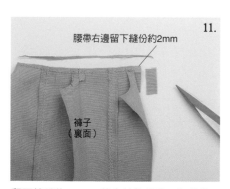

11.

腰帶右邊留下縫份約2mm

留下縫份約2mm，將多餘的部分一起剪掉，腰帶翻回正面。

8.

褲子（裏面）

褲子下襬的縫份往內摺，壓上縫合線。

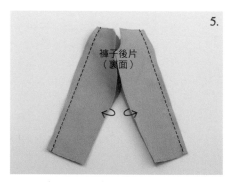

5.

褲子後片（裏面）

另一側邊也縫合，翻至正面。

12.

腰帶（裏面）

褲子（裏面）

腰帶的右邊往內摺。

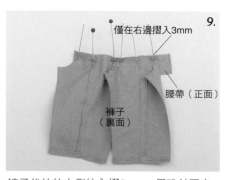

9.

僅在右邊摺入3mm

腰帶（正面）

褲子（裏面）

褲子後片的右側往內摺3mm，用珠針固定，放上腰帶正面對正面對齊。

6.

褲子後片（裏面）

褲子後片（裏面）

褲子前片（裏面）

側邊的縫份往褲子後片倒，用手指壓平。

腰帶的中心點放上燙銅片，用熨斗熨燙固定。

縫份的曲線剪出小牙口之後展開。

腰帶（表面）

褲子（表面）

將腰帶的縫份包住，邊緣車縫上縫合線（摺邊縫）。

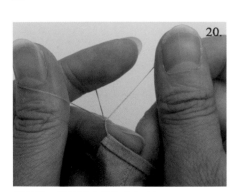

後面開口用線縫上鈕釦和扣環。

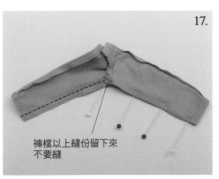

褲檔以上縫份留下來不要縫

一次車縫一隻褲腳，下襬開始到褲檔以下正面對正面對齊縫合。

只有右邊的開口止縫線剪出切口

褲子後片（裏面）

後片褲檔以上的止縫線上剪一道缺口。

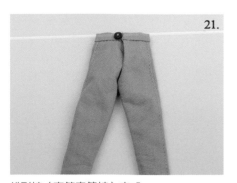

錐形褲（窄管直筒褲）完成。

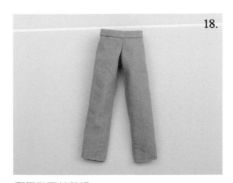

翻回正面並整燙。

褲子（裏面）

後片褲檔以上正面對正面對齊縫合。

Picco neemo
D用搭配「襯衫（7分袖）」
by 紅色相機（AKAI KAMERA）

材料（橫向×縱向）

「襯衫（7分袖）」
□麻紗棉…25cm×10cm
□棉質魔術貼…1.2cm×5cm
□喜好的裝飾

「褲子（7分長）」
□薄的格布…20cm×10cm
□2mm 燙銅片…1片
□4mm 鈕釦…1顆

7.

身片和袖子縫合，袖子正面對正面對齊摺半，袖口到腋下縫合在一起。

4.

將袖子口和袖口布縫合在一起。

1.

Picco neemo D的手腕比較粗一點，所以做了袖口反摺的七分袖設計。

8.

袖口反摺的七分袖襯衫完成。其他的步驟和襯衫連衣裙一樣，後面開口的部分縫上魔術貼。蝴蝶結之類的燙貼裝飾上去即完成。

5.

袖口布往下翻，縫份往上倒，車縫上一條縫合線。

2.

袖口布表布反面在內對摺成一半並壓燙。

6.

袖口布往上翻回正面，將縫份蓋起來並熨燙。

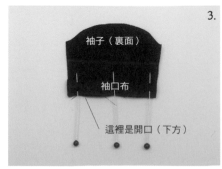

3.

袖口的裏面放上袖口布（袖口布開口在下方）。

Picco neemo D 用搭配「花邊襯衫連身裙」
by 紅色相機（AKAI KAMERA）

材料（横向×縱向）

「荷葉邊連身裙」
□薄的格子布…30cmx30cm
□棉質魔術貼…1.2cm×7cm
□喜好的裝飾

7.

領子、袖口也是同樣步驟將荷葉邊縫上去，車縫上縫合線。Picco neemo D的頭比較大，替換衣服是個大問題，所以後片開口跟男孩子的襯衫一樣，使用魔術貼。

4.

身片
（裏面）

荷葉邊的中心點和身片的中心點對齊，荷葉邊縮縫後的寬度配合身片的寬度放在一起。

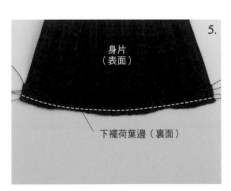

5.

身片
（表面）

下襬荷葉邊（裏面）

身片下襬和荷葉邊正面對正面對齊後縫合。

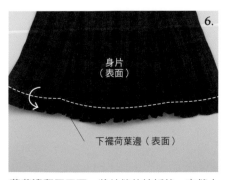

6.

身片
（表面）

下襬荷葉邊（表面）

荷葉邊翻回正面，將縮縫的線拆掉，車縫上縫合線。

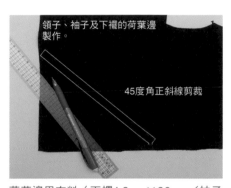

領子、袖子及下襬的荷葉邊製作。

45度角正斜線剪裁

荷葉邊用布料（下襬1.2cm×20cm／袖子1cm×8cm／領子0.8cmx9cm）用斜裁的方式畫在布料上，裁剪下來。

2.

斜裁下來的荷葉邊不需要做防綻處理。一但做了防綻處理，會讓荷葉邊不好伸展。

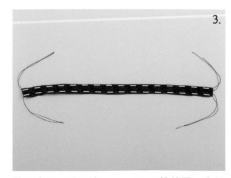

3.

荷葉邊的一端開始2mm、7mm的位置，車縫上兩條寬2.5mm的平行縮縫線。

Harmonia bloom
by michiru

Good Smile Company「Harmonia bloom」

如果打算製作洋梨身形Harmonia bloom服裝的話，首先推薦連身洋裝。
Michiru為初學者安排了王家文化的人形娃娃風格洋裝。
因為是一件式，袖子使用蕾絲搭配，比看起來更容易製作的類型。

服飾：michiru（BABY堂）　模特兒頭部：薔薇（樣品）

Harmonia bloom 尺寸的
「文化人形風連身裙」和「女子軟帽」
by michiru

材料（橫向×縱向）

□棉平紋布（紅色）…30cm×30cm
□棉緞（和風印花）…10cm×10cm
□12mm蕾絲（袖用）…7cm×2條
□15mm緞帶（金色）…27cm
□棉麻紗（貼邊用）…5cm×5cm
□3mm仿珍珠…2顆
□7mm蕾絲（帽子用）…26cm
□3mm圓繩…34cm
□18mm鐵絲邊緞帶（帽子用）…26cm×2條

7.

縫份的部位剪出牙口後將領口翻回正面，壓上縫合線。

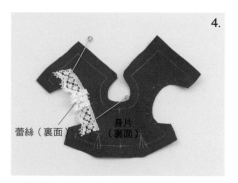

4.

在袖圍內側袖山的位置上疊放打好褶的蕾絲，用珠針暫時固定住。

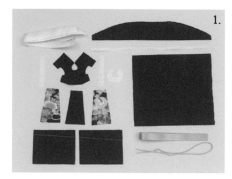

1.

將材料準備好，附錄的紙型描在布料上剪下來，布料邊請做防綻處理以免散開脫線。

8.

胸部下方的打褶部分正面對正面車縫，縫份倒向內側邊。

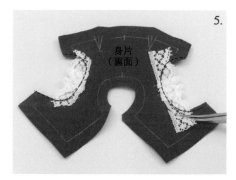

5.

袖口壓上縫合線，同時縫合蕾絲，縫好之後將原本的粗縫線拆除，多餘的蕾絲也剪掉。

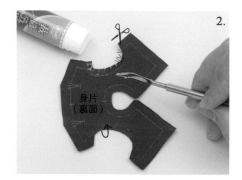

2.

袖子縫份剪出細小的牙口，將牙口往內摺後用布用膠（如果可以的話請選用棒狀固態的布用膠以免漏出來）暫時黏合固定。

9.

把腋下正面對正面對齊縫合，將縫份展開。

6.

將領口的裏布放在身片的上面，再車縫上縫合線。

3.

剪一段長7cm×寬12mm的蕾絲製作袖子，中心點打三個約3～5mm的褶做粗縫。

16.

中心素布和左片、右片調整為差不多的縮縫寬度以配合身片的寬度。

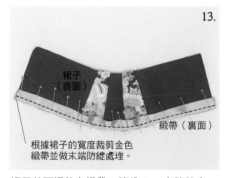

13.

裙子（表面）
緞帶（裏面）
根據裙子的寬度裁剪金色緞帶並做末端防綻處理。

裙子的下襬放上緞帶，縫份5mm車縫縫合。

10.

裙子（裏面）
裙子（表面）

裙子前片的布料正面對正面對齊縫合。

17.

身片（表面）
裙子（裏面）

身片和裙子的腰線正面對正面對齊後用珠針暫時固定，車縫縫合。

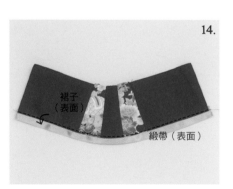

14.

裙子（表面）
緞帶（表面）

將裙襬的緞帶翻回正面，縫份往上翻，車縫上縫合線固定。

11.

裙子（裏面）

按照和風花紋、素布、和風花紋的順序將三塊布料縫合，縫份展開。

18.

縫份部分往上倒，身體側邊車縫上縫合線。

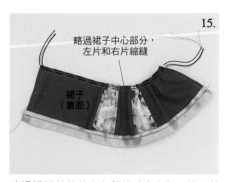

15.

略過裙子中心部分，左片和右片縮縫
裙子（裏面）

略過裙子前片的中心部位（素布），裙子的左片和右片腰圍車縫上兩條平行線做縮縫，縫份預留約3mm。

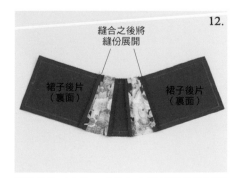

12.

縫合之後將縫份展開
裙子後片（裏面）
裙子後片（裏面）

裙子後片（左片、右片）和裙子前片的兩個側邊正面對正面對齊縫合，將縫份展開。

25.

翻回正面，摺線往上距離8mm的位置車縫上
縫合線，做為穿繩的部分。

26.

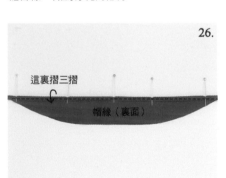

帽緣翻至裏面，摺成三摺之後壓上直線縫
合。

27.

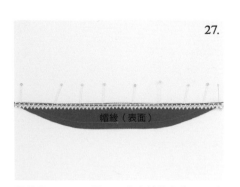

帽緣翻回正面，圖26壓的直線往內約1mm左
右放上蕾絲（花邊向下），車縫上縫合線。

22.

翻回正面。

23.

後面開口的一側縫上串珠，另一側用粗一點
的線纏繞縫製成扣環，連身裙完成。

24.

將軟帽布料正面對正面摺半對齊，將紙型上
標記的止縫線在布料上做記號然後車縫。

19.

從下襬開始到止縫線為止，後片中心正面對
正面對齊縫合。

20.

後片中心的縫份展開並壓燙整理，下襬部分
可以縫上幾針壓線固定。

21.

後片的縫份往外摺，左片和右片的身片縫份
車縫上縫合線。

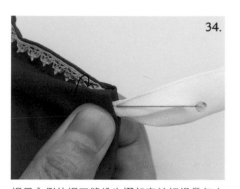

34.

帽子內側的帽口縫份也摺起來並把緞帶包在裏面。

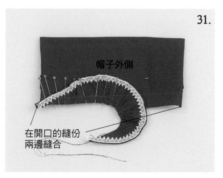

31.

帽子外側

在開口的縫份兩邊縫合

帽身的外側和帽緣中心點對齊縫合，左右兩邊縮摺盡量平均分配後粗縫固定。帽身兩端保持開口後和帽緣縫合。

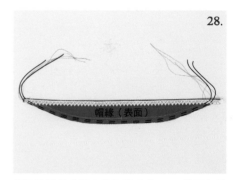

28.

帽緣（表面）

帽子的邊緣曲線車縫兩條寬約3mm的平行線做縮縫。重點是縮摺往中心點集中，往兩端漸漸放鬆。

35.

帽子內側

帽子的帽口部分，車縫如圖示的縫合線。

32.

帽子外側

帽口的兩端原本摺起來的部分和帽緣一起車縫，帽緣多出來的部分剪掉。

29.

縮摺往中心點集中，並要注意往兩端漸漸放鬆。

36.

繩子穿過預留的洞，戴在頭上後將繩子拉緊打結，完成。

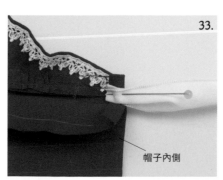

33.

帽子內側

緞帶摺成Z形，包在帽子外側帽口的縫份裏面，暫時用珠針固定住。

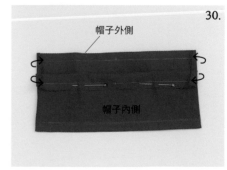

30.

帽子外側

帽子內側

帽子的帽口打開，兩端的縫份沿完成線往內摺並壓平。

Space Rabbit
by Kanihoru

Candy Meteor「WR-7 宇宙兔」

可愛的宇宙兔有光滑Lolita的身體。
把那魅力發揮到最大限度介紹給製作服飾的KANIHORU。
因為比基尼套裝只能靠黏合劑製作，對於裁縫初學者更是一大挑戰！

服飾：Kanihoru
模特兒：MIRUHI β・黑曜/西方占星術1號・雛菊／Swallowtail
鞋子：Ag-moon

宇宙兔尺寸的
「三角比基尼」、「迷你裙」和「連帽短版上衣」
by Kanihoru

材料（橫向×縱向）

「三角比基尼」
□棉的橫紋布…7cm×10cm
□1.5mm寬的蕾絲…27cm

「迷你裙」
□薄的牛仔布…8cm×8cm
□棉的橫紋布…10cm×10cm
□2mm燙銅片…1片
□1.5mm燙銅片…4片

「連帽短版上衣」
□平紋針織布…15cm×15cm

「頸鍊」
□1.5mm寬的緞帶…3.5cm
□5mm日字扣…1個

將三角形胸衣縫在緞帶上。

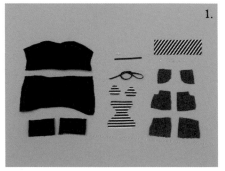

三角形胸衣摺好之後並整燙確保完全黏合。

將材料準備好，附錄的紙型描在布料上剪下來，布料的邊緣請做防綻處理。

三角形胸衣中央的角和角縫合在一起。

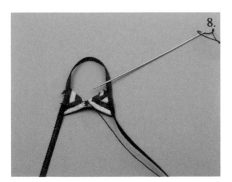

剪一段長18cm×寬2mm的蕾絲，在中心點和距離中心點左右各1.5cm的位置做上記號。

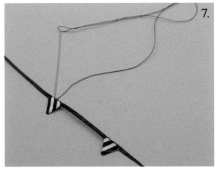

表面　　裏面

三角形胸衣縫份的邊角往內摺，用熨斗熨燙。

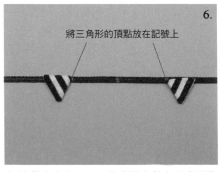

在曲線上剪出牙口

褲子褲檔的縫份往內摺，用熨斗燙出褶痕後用布用黏合劑黏合固定。

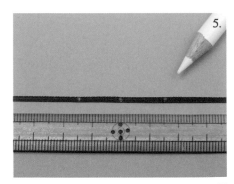

將三角形的頂點放在記號上

在緞帶左右各1.5cm的位置上放上三角形胸衣上方的角（如圖示）。

三角形胸衣的縫份往內摺，熨斗燙出摺痕之後，用布用黏合劑黏貼。

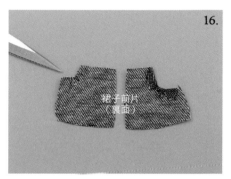

16.

裙子前片的曲線剪出牙口，縫份往內摺後用布用黏合劑暫時固定。

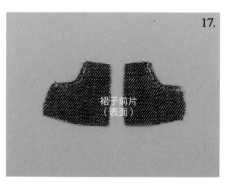

17.

曲線的部位壓上縫合線。

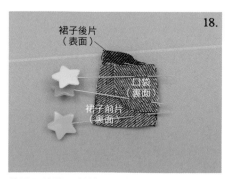

18.

裙子後片
（表面）
口袋
（裏面）
裙子前片
（裏面）

將裙子後片、前片及口袋正面對正面對齊重疊在一起。

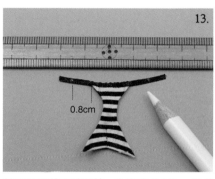

13.

0.8cm

褲子前面的兩端開始，在左右各0.8cm的位置做上記號。

14.

將褲子後片的邊角和做好記號的地方縫合在一起。

15.

三角形胸衣和褲子完成。

10.

防綻處理

腰部的縫份往內摺，用布用黏合劑黏貼，剪掉多餘的縫份，塗上防綻劑做防綻處理。

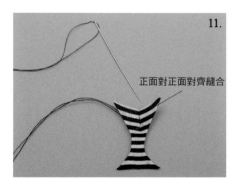

11.

正面對正面對齊縫合

將後片中心的摺子縫好。

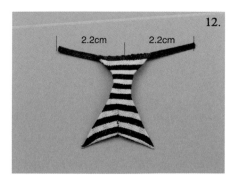

12.

2.2cm   2.2cm

剪一段寬2mm×長4.4cm的緞帶，緞帶的中心點和前片中心點對齊縫合在一起。

裙子和裡布一起縫合。

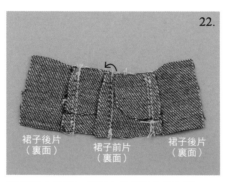

縫份往左片倒，壓好之後車縫上縫合線。

裙子的兩個側邊縫合。

裡布翻回正面並整燙。

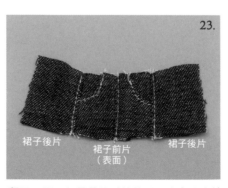

翻至正面，如果是用手縫的話，注意縫合線要保持一直線，才算精美的完成。

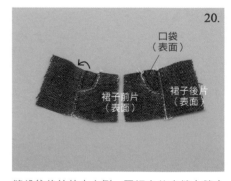

縫份往後片的方向倒，壓好之後車縫上縫合線。

為了避免在正面看到裡布，表布稍微往裏側摺一點進來，用珠針暫時固定。

裡布用斜裁的方式裁剪，和裙子正面對正面對齊重疊。

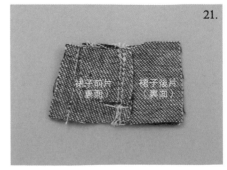

裙子的左片和右片正面對正面對齊，在前片中心線車縫上縫合線。

裙子完成，如果後片的縫份有點礙事的話，
可以用布用黏合劑固定。

裙子（裏面）

裙子正面對正面對摺，後片中心線用珠針暫
時固定。

裙子（表面）

腰部車縫上兩條縫合線。

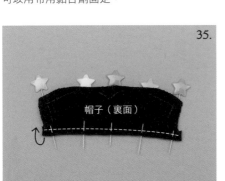

帽子（裏面）

連帽上衣的帽口縫份往內摺，車縫上縫合
線。

裙子（裏面）

後片中心線車縫上縫合線。

裙子（裏面）

下襬的縫份往內摺，車縫上縫合線。

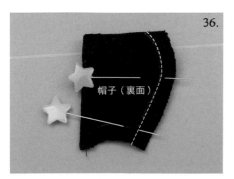

帽子（裏面）

帽子正面對正面對摺，順著後片中心線車縫
上縫合線。

將縫份攤開用熨斗燙平。

腰帶、口袋的兩端（如圖示），放上燙銅片
並熨燙黏合固定。

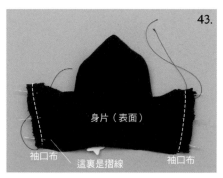

袖口的表面疊上袖口布（開口在手腕邊），
車縫上縫合線，袖口布翻回正面。

身片正面對正面對摺，從袖口開始到止縫線
為止，車縫上縫合線。

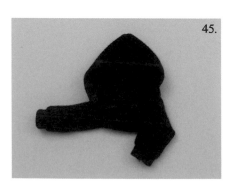

翻回正面，連帽的短上衣完成。

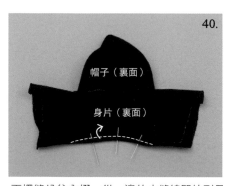

下襬縫份往內摺，從一邊的止縫線開始到另
一邊止縫線為止，車縫上縫合線。

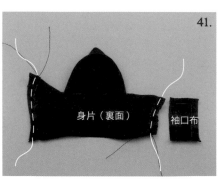

袖子口的縫份車縫上一條3mm寬的縮縫線，
調整縮縫線至寬度能配合袖口布。

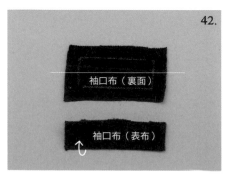

袖口布裏面對裏面對摺並整燙。

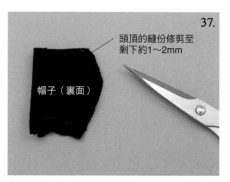

剪去縫份上面的邊角。

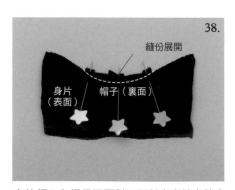

身片領口和帽子正面對正面對齊車縫上縫合
線。

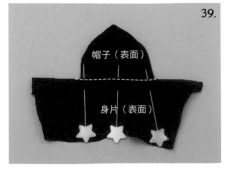

帽子翻回正面，縫份往身片翻，車縫上縫合
線固定。

be my baby! CHERRY
by nayuta fabrics

DOLL HOUSE「CHERRY」

洋裝：nayuta fabrics

身片是一塊布，裙子也是一塊布。可以自由地享受蕾絲的搭配。
nayuta fabrics小姐自由創新的連身洋裝。
因緊身束腰衣和捻紗的繩帶，展現出櫻桃子的妖艷魅力。

洋裝：nayuta fabrics
模特兒：Aria / Meisie

CHERRY娃娃尺寸的
「連身裙」和「束胸」
by nayuta fabrics

材料（橫向×縱向）

「連身裙」和「束胸」
□麻紗布…50cm×25cm
□網紗或尼龍紗…10cm×5cm
□束胸內裡的布（印花布或蕾絲布）…10cm×5cm
□15mm蕾絲…75cm
□8mm蕾絲…90cm
□細緞帶or細繩…60cm

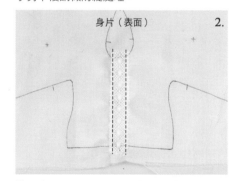

7.

身片（表面）

完成的位置

蕾絲的花邊
向內突出

縫份5mm

領口完成的位置開始，蕾絲花邊向內突2～3mm，暫時用珠針固定。

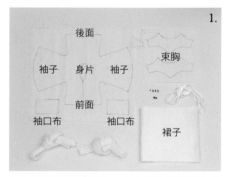

4.

輕輕的把線拉緊讓蕾絲有曲線彎度可以配合袖子的版型。

1.

後面

束胸

袖子　身片　袖子

前面

袖口布　　　袖口布

裙子

在布料上將紙型畫好，大略的留下縫份後剪下，領子組合可以另外使用偏好的布料，裙子剪下後請做防綻處理。

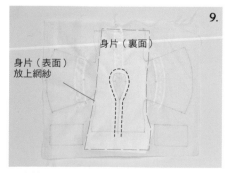

8.

身片（表面）

將蕾絲車縫在固定好的位置。

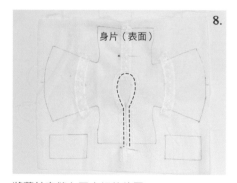

5.

身片（表面）

兩邊袖子都縫上蕾絲。

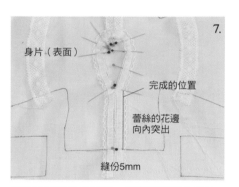

2.

身片（表面）

剪下寬15mm×長9cm的蕾絲，車縫在後身片表面的中心。

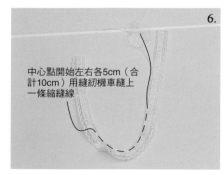

9.

身片（裏面）

身片（表面）
放上網紗

大略剪下10cm×5cm的網紗，和領子正面對正面，網紗、蕾絲、身片和領子前端開口的線車縫在一起。

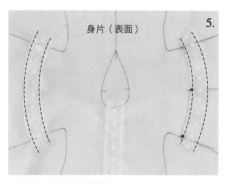

6.

中心點開始左右各5cm（合計10cm）用縫紉機車縫上一條縮縫線

寬8mm×長25cm的蕾絲，最中心的10cm蕾絲一邊車縫上一條線做縮縫，把線拉緊讓彎度能配合領子的曲線。

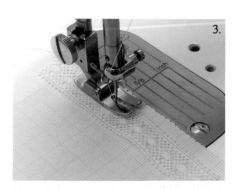

3.

剪下2段寬15mm×長10cm的蕾絲，蕾絲的一端車縫上一條縮摺用的線，如果縫線車縫不上去的話，蕾絲下面可以墊一張紙再車縫。

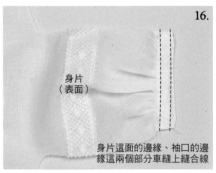

16.

身片這面的邊緣、袖口的邊
緣這兩個部分車縫上縫合線

袖口兩端壓線。

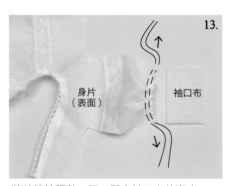

13.

將縮縫線調整一下，配合袖口布的寬度。

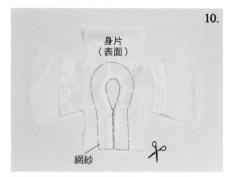

10.

將身片部分從縫份位置剪下，網紗留1.5cm
縫份剪去多餘的部分。

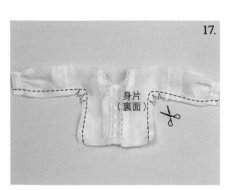

17.

身片的側邊正面對正面對齊縫合。縫份的位
置剪出牙口。

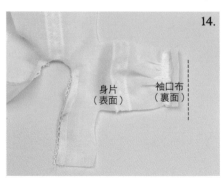

14.

袖子口和袖口布正面對正面縫合。

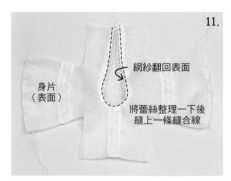

11.

網紗翻回表面

將蕾絲整理一下後
縫上一條縫合線

將網紗翻回正面並壓燙，前領開襟的部分壓
線。

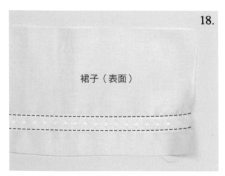

18.

裙子（表面）

將裙子的布料剪好，在表布自己偏好的位置
上縫上15mm寬的蕾絲。

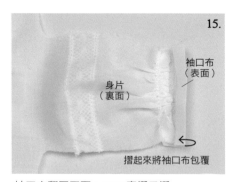

15.

袖口布
（表面）

身片
（裏面）

摺起來將袖口布包覆

袖口布翻回正面，5mm寬摺三摺。

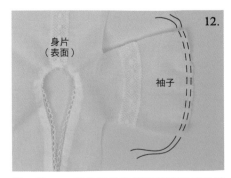

12.

身片
（表面）

袖子

袖口留3mm寬的縫份車縫兩條平行線的縮
縫。

46

翻回正面並整燙。

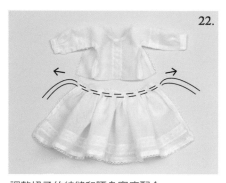

調整裙子的縮縫和腰身寬度配合。

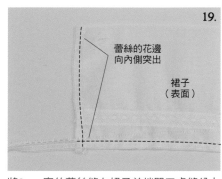

將8mm寬的蕾絲縫在裙子前端開口處縫份上（蕾絲突出位置向內突2-3mm寬），直線車縫，裙襬相同方式車縫，將多餘蕾絲剪掉。

蕾絲的花邊向內側突出

裙子（表面）

這件連身裙是前後兩面都可以穿的設計。

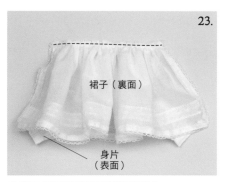

身片和裙子正面對正面對齊縫合。

裙子（裏面）

身片（表面）

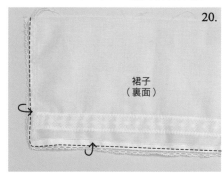

裙子前端開口和裙襬車縫好蕾絲的縫份翻過來摺好，蕾絲整理好之後壓線。

裙子（裏面）

用蕾絲線代替扣環，縫上與蕾絲線寬度符合的串珠當做是鈕釦，連身裙完成。

縫份向上倒，車縫壓線。

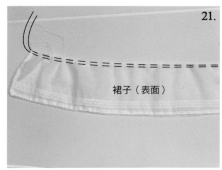

裙子的腰身側邊縫份上相隔3mm車縫上兩條平行的縮縫線。

裙子（表面）

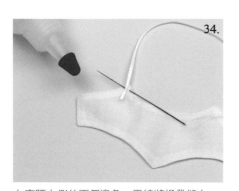

34.

在束腰上側的兩個邊角，用線將緞帶縫上。

31.

將縫份摺起來，熨斗延著摺線整燙，利用鉗子將領子組合翻回正面。將邊角撐出，用熨斗整燙。

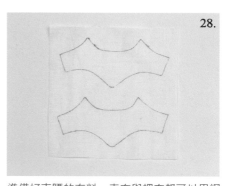

28.

準備好束腰的布料，表布與裡布都可以用網紗，自己偏好的布料或蕾絲也很漂亮。

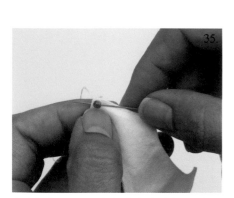

35.

在束腰的兩端，用線縫上串珠（或者鈕釦）和扣環。

32.

返口的縫份往內摺並翻回正面。

29.

束胸（裏面）

束胸的表布和裡布正面和正面對齊之後縫合，預留返口並順著縫合線縫合。

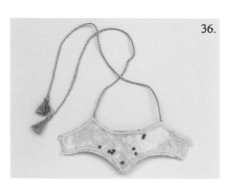

36.

可以用蕾絲或喜好的材料來裝飾，完成束腰。照片刊登的樣品是在麻紗綿的中間放入一枚印花布料，表面用蕾絲和串珠裝飾。束腰的帶子是用刺繡線捻出來的。

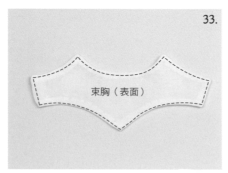

33.

束胸（表面）

在周圍壓上一圈縫合線。

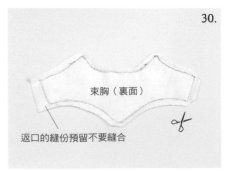

30.

束胸（裏面）

返口的縫份預留不要縫合

返口部分預留較長的縫份，周圍的縫份預留3mm寬並剪去多餘的部分。剪出圓弧曲線，並把縫份的尖角剪掉。

用圖41扭好的帶子在側邊部分捲好繡線的正中央打結固定。

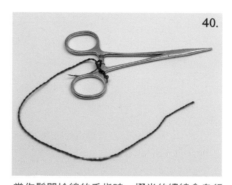

當你鬆開捻線的手指時，摺半的繡線會自行旋轉，完成均勻扭轉的帶子。

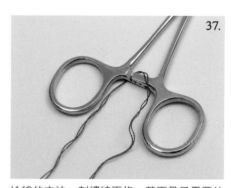

捻線的方法。刺繡線兩條，剪下帶子需要的長度3倍左右，拉長延伸之後穿過剪刀柄根部固定好一端。

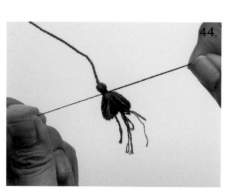

將綁好結的線圈翻摺，兩端整理好朝同一個方向捆成一束，用另外的繡線繞個3～4圈固定打結。

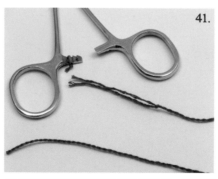

將捲好的繡線根部側邊打結固定好，然後將之前固定在剪刀柄的繡線末端剪掉。

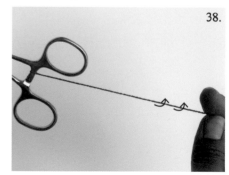

繡線以同一方向螺旋扭轉。

將線圈的末端剪開，再將末端修剪整齊，完成。

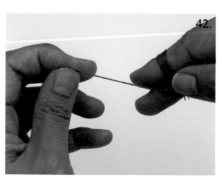

將剩下的刺繡線纏繞在兩根手指頭上，當你覺得大小分量合適時，將手指頭移除纏繞的線。

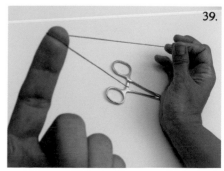

繡線扭轉到不能再扭的程度後，用手指取繡線的中間點摺成兩半。

「紙型教科書」系列 好評發售中！

原於荒木佐和子連載刊登的「Dolly Pattern Workshop」
為了支援人偶娃娃衣服的製作，也新發表了「紙型教科書」系列。

刊載滿滿的小人偶娃娃製作的技巧！
首先，讓我們照著紙型來製作吧！

荒木佐和子の紙型教科書3

「OBITSU 11」11cm 尺寸の男娃服飾

●定價/380元　●ISBN/9789866399886
●出版社/北星圖書事業股份有限公司
●作者/荒木佐和子

◀專為11cm的「Obitsu 11」人偶收集的紙型教科書。從為初學者的「簡單T恤」、「簡單褲子」刊載了20多種紙型，如學生服裝、運動衫、浴衣等。也有附上運動鞋、靴子、棒球帽和學生帽等，一本書就可以享受全身的穿著打扮。

從基本開始學習，設計將會更多變化！

荒木佐和子の紙型教科書2

娃娃服の裙子、褲子

●定價/350元　●ISBN/9789866399657
●出版社/北星圖書事業股份有限公司
●作者/荒木佐和子

「人偶娃娃服飾原型」如果記得如何製作上衣，那就來挑戰下半身的服飾。刊載了各式各樣的種類、形狀的裙子和褲子的製作方法。附有30種人偶娃娃的「褲子原型」。

為了從零開始學習製作人偶娃娃衣服的基礎書籍

荒木佐和子の紙型教科書

娃娃服の原型、袖子、衣領

●定價/350元　●ISBN/9789866399596
●出版社/北星圖書事業股份有限公司
●作者/荒木佐和了

為了現有人形娃娃的服飾，從零開始設計及紙型的成型，而收集了很多必要資訊的一本書籍。附有30種類型的基本樣式人氣娃娃「原型紙型」。

Dolly Pattern Workshop 14

檢驗「Obitsu11」身長差配件

．

荒木佐和子

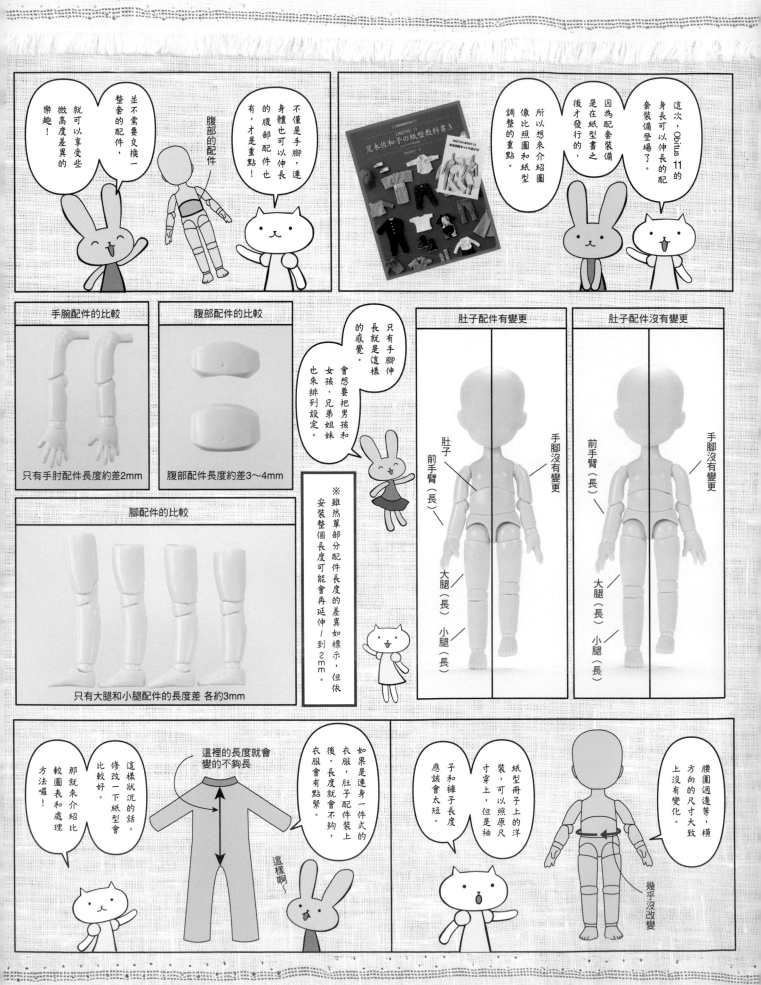

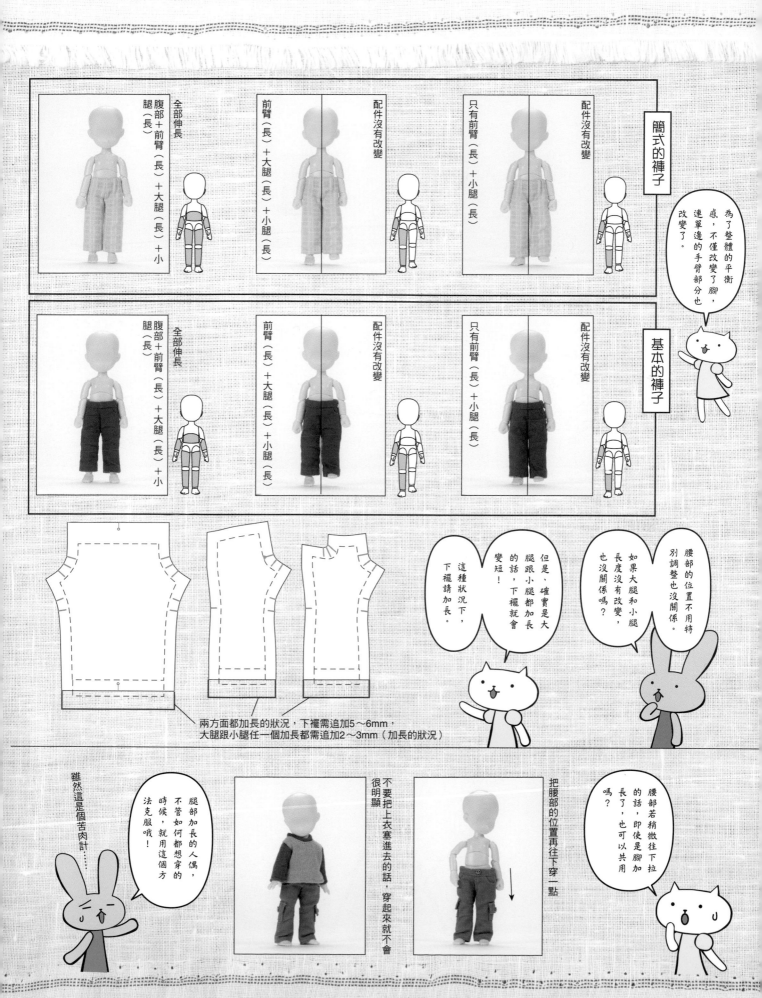

簡式的褲子

腹部＋前臂（長）＋大腿（長）＋小
腿（長）
全部伸長

前臂（長）＋大腿（長）＋小腿（長）

配件沒有改變

只有前臂（長）＋小腿（長）

配件沒有改變

基本的褲子

腹部＋前臂（長）＋大腿（長）＋小
腿（長）
全部伸長

前臂（長）＋大腿（長）＋小腿（長）

配件沒有改變

只有前臂（長）＋小腿（長）

配件沒有改變

為了整體的平衡感，不僅改變了腳，連單邊的手臂部分也改變了。

但是，確實是大腿跟小腿都加長的話，下襬就會變短！

這種狀況下，下襬請加長。

如果大腿和小腿長度沒有改變，也沒關係嗎？

腰部的位置不用特別調整也沒關係。

兩方面都加長的狀況，下襬需追加5～6mm，
大腿跟小腿任一個加長都需追加2～3mm（加長的狀況）

腿部加長的人偶，不管如何都想穿的時候，就用這個方法克服哦！

雖然這是個苦肉計……

不要把上衣塞進去的話，很明顯

把腰部的位置再往下穿一點

腰部若稍微往下的話，即使是腳加長了，也可以共用嗎？

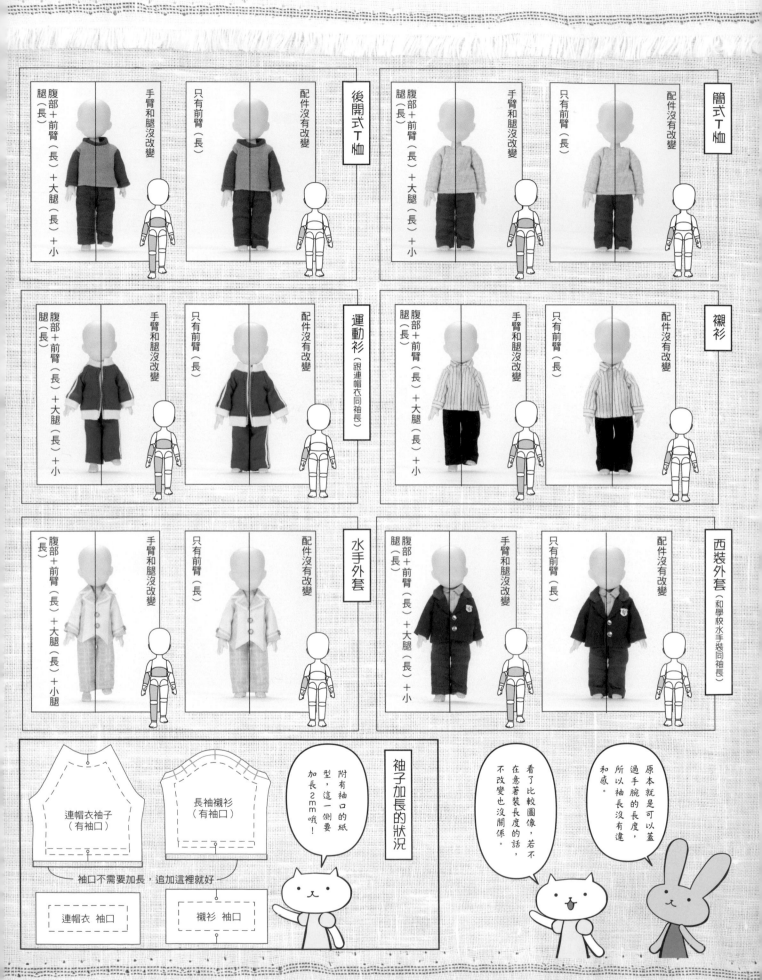

後開式T恤

腹部＋前臂（長）＋大腿（長）＋小 腿（長）
手臂和腿沒改變
只有前臂（長）
配件沒有改變

簡式T恤

腹部＋前臂（長）＋大腿（長）＋小
腿（長）
手臂和腿沒改變
只有前臂（長）
配件沒有改變

運動衫（跟連帽衣同袖長）

腿（長）腹部＋前臂（長）＋大腿（長）＋小
手臂和腿沒改變
只有前臂（長）
配件沒有改變

襯衫

腹部＋前臂（長）＋大腿（長）＋小
腿（長）
手臂和腿沒改變
只有前臂（長）
配件沒有改變

水手外套

（長）腹部＋前臂（長）＋大腿（長）＋小腿
手臂和腿沒改變
只有前臂（長）
配件沒有改變

西裝外套（和學校水手裝同袖長）

腿（長）腹部＋前臂（長）＋大腿（長）＋小
手臂和腿沒改變
只有前臂（長）
配件沒有改變

袖子加長的狀況

連帽衣袖子（有袖口）
長袖襯衫（有袖口）

袖口不需要加長，追加這裡就好

連帽衣 袖口
襯衫 袖口

附有袖口的紙型，這一側要加長2mm哦！

看了比較圖像，若不在意著裝長度的話，不改變也沒關係。

原本就是可以蓋過手腕的長度，所以袖長沒有違和感。

54

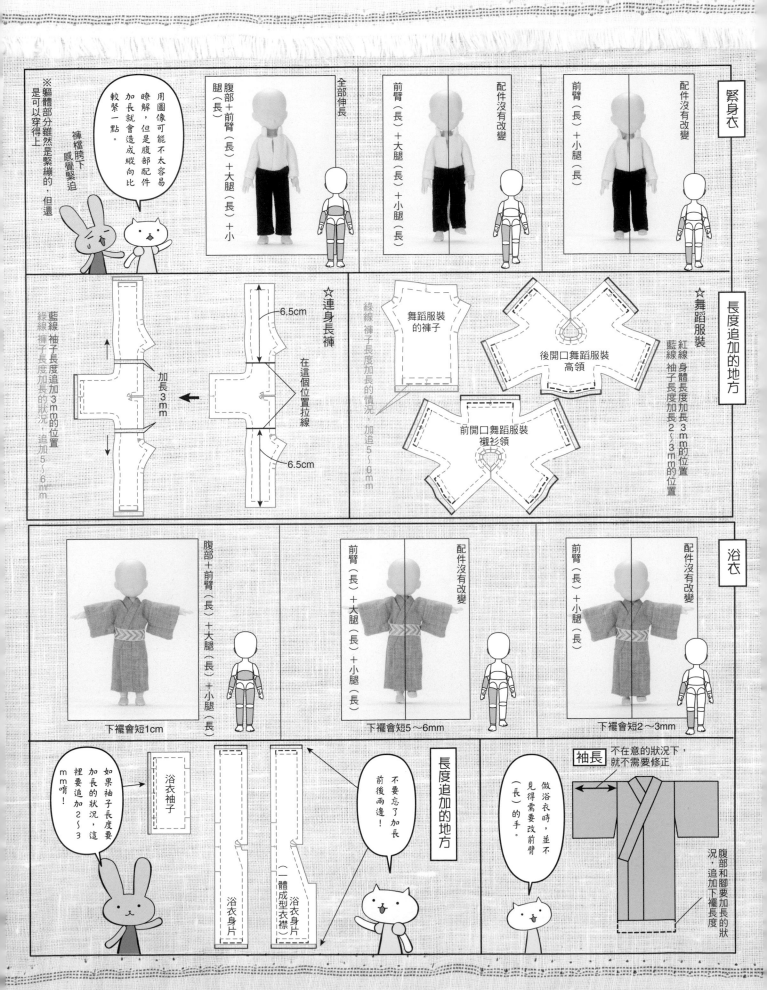

用影印縮小的紙型，來解說如何減小尺寸的方法！

就是因為這樣的原因，「才想要修整太合身的紙型！」

衣服若太合身，就容易造成下襬綻開。

然後，從褲子上方穿也不會讓下襬合不起來。

下襬周邊也會保有空間。

布有不同的厚度和縫的位置多少會歪斜，也不會造成這樣的問題。

雖然努力製作，但無法合身！

「Obitsu11教科書」的紙型，為了讓初學者容易製作，是不會太緊繃的一式紙型。

---

1 測量前身片及後身片的胸圍

前後兩面是測量大約在腋下週邊的胸圍。

測量後片成直角的中心線

前後片是一張紙型的狀況

後片 / 前片 / 前片中心線

忽略縫份 / 後身片 / 完成線 / 前身片 / 前片中心線

---

2 只測量半身的部分，再乘上二倍就是胸圍一周的長度

因為沒乘上二倍就會像這樣，只有一半的長度。請注意！

3 測量一下想要縮小的胸圍尺寸

把要使用的布實際的摺出厚度（摺出充裕空間），寬鬆地圍著胸部測量長度

針織布摺三摺

綿麻布及薄布需摺四摺捲起來會比較好

注意！

若身體的尺寸測量得太剛好，開口部分就會有縫合不起來的問題。

縫份沒有餘份，開口部分就會造成縫合不起來的問題。

把3測量好的人偶胸圍 ÷ 1測量好的紙型胸圍 = 縮小的倍率

用這個公式就知道要縮小多少了哦！

縮小後的袖長、袖寬身長、褲長等，請稍微調整一下。

因為會出現太短的部分，長度就要加長哦！

關於身體的放大或縮小，這本書有非常詳細的解說。

擁有這本書的各位，請參考！

荒木佐和子の紙型教科書

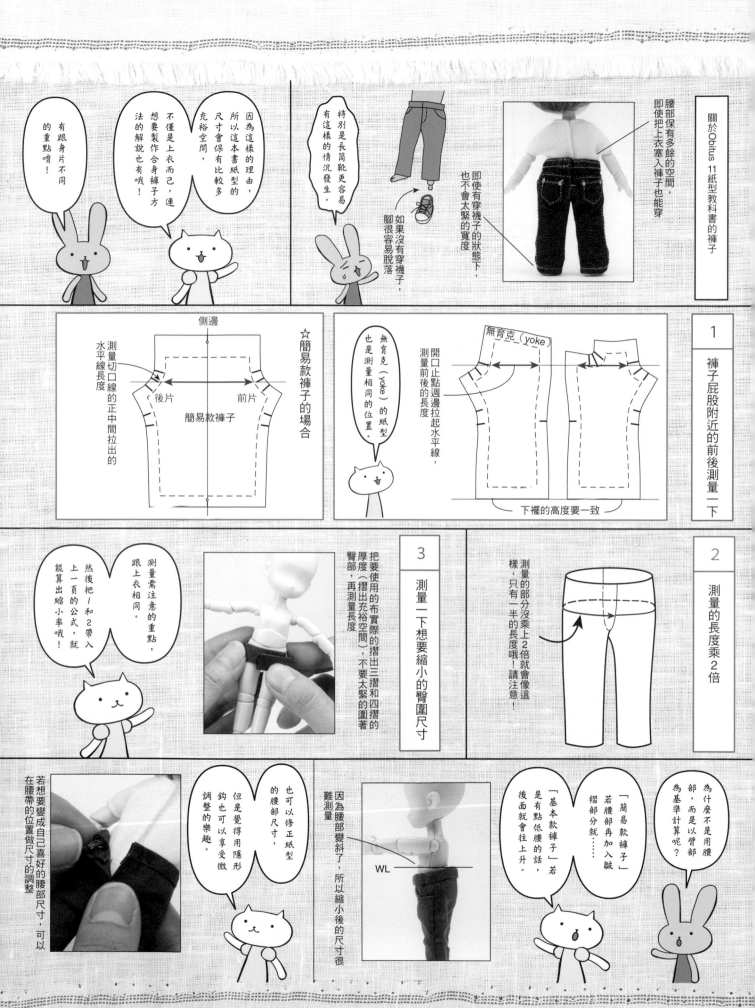

關於Obitus 11紙型教科書的褲子

腰部保有多餘的空間，即使把上衣塞入褲子也能穿

即使有穿襪子的狀態下，也不會太緊的寬度

如果沒有穿襪子，腳很容易脫落

特別是長筒靴更容易有這樣的情況發生。

因為這樣的理由，所以這本書紙型的尺寸會保有比較多充裕空間，不僅是上衣而已，連想要製作合身褲子方法的解說也有哦！

有跟身片不同的重點唷！

1 褲子屁股附近的前後測量一下

無育克（yoke）也是測量相同的位置。

開口止點週邊拉起水平線，測量前後的長度

無育克（yoke）的紙型

下襬的高度要一致

☆簡易款褲子的場合

測量切口線的水平線長度

側邊

後片　前片

簡易款褲子

簡易款褲子的正中間拉出的

2 測量的長度乘2倍

測量的部分沒乘上2倍就會像這樣，只有一半的長度哦！請注意！

3 測量一下想要縮小的臀圍尺寸

把要使用的布實際的摺出三摺和四摺的厚度（摺出充裕空間），不要太緊的圍著臀部，再測量長度

測量需注意的重點，跟上衣相同。

然後把1和2帶入上一頁的公式，就能算出縮小率哦！

為什麼不是用腰部，而是以臀部為基準計算呢？

「基本款褲子」若是有點低腰的，後面就會往上升。

「簡易款褲子」若腰部再加入皺褶部就……

因為腰部變斜了，所以縮小後的尺寸很難測量

WL

也可以修正紙型的腰部尺寸，但是覺得用隱形鉤也可以享受微調整的樂趣。

若想要變成自己喜好的腰部尺寸，可以在腰帶的位置做尺寸的調整

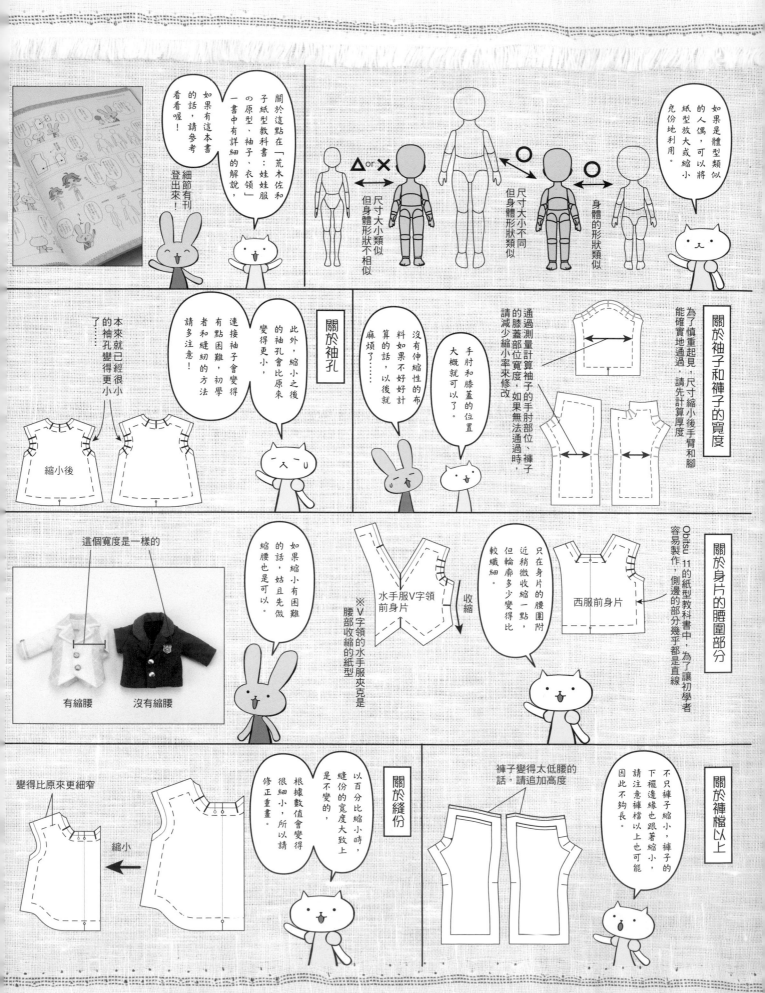

關於這點在「荒木佐和子紙型教科書：娃娃服の原型、袖子、衣領」一書中有詳細的解說，如果有這本書的話，請參考看看喔！

細節有刊登出來！

如果是體型類似的人偶，可以將紙型放大或縮小充份地利用。

△or×
尺寸大小類似但身體形狀不相似

身體的形狀類似

○
尺寸大小不同但身形形狀類似

關於袖子和褲子的寬度

為了慎重起見，尺寸縮小後手臂和腳能確實地通過，請先計算厚度

通過測量計算袖子的手肘部位、褲子的膝蓋部位寬度，如果無法通過時，請減少縮小率來修改

手肘和膝蓋的位置大概就可以了。

沒有伸縮性的布料如果不好好計算的話，以後就麻煩了……

關於袖孔

此外，縮小之後的袖孔會比原來變得更小，連接袖子會變得有點困難，初學者和縫紉的方法請多注意！

本來就已經很小的袖孔變得更小了……

縮小後

關於身片的腰圍部分

Obitsu 11的紙型教科書中，為了讓初學者容易製作，側邊的部分幾乎都是直線

只在身片的腰圍附近稍微收縮一點，但輪廓多少變得比較纖細

西服前身片

※V字領的水手服夾克是腰部收縮的紙型

水手服V字領前身片

收縮

如果縮小有困難的話，姑且先做縮腰也是可以。

這個寬度是一樣的

有縮腰　　　沒有縮腰

關於褲襠以上

不只褲子縮小，褲子的下襬邊緣也會跟著縮小，請注意褲檔以上也可能因此不夠長。

褲子變得太低腰的話，請追加高度

關於縫份

以百分比縮小時，縫份的寬度大致上是不變的，根據數值會變得很細小，所以請修正重畫。

變得比原來更細窄

縮小

人偶模特兒
左：Obitsu 11＋身高調整配件（白種人膚色）
臉部：OB人偶娃娃頭部E-03「SIMPU」
假髮：Calico wig「兩種色調的短髮」

右：Obitsu 11（白種人膚色）
臉部：OB人偶娃娃頭部E-00「HAKASE」
假髮：Calico wig「短髮辮子」

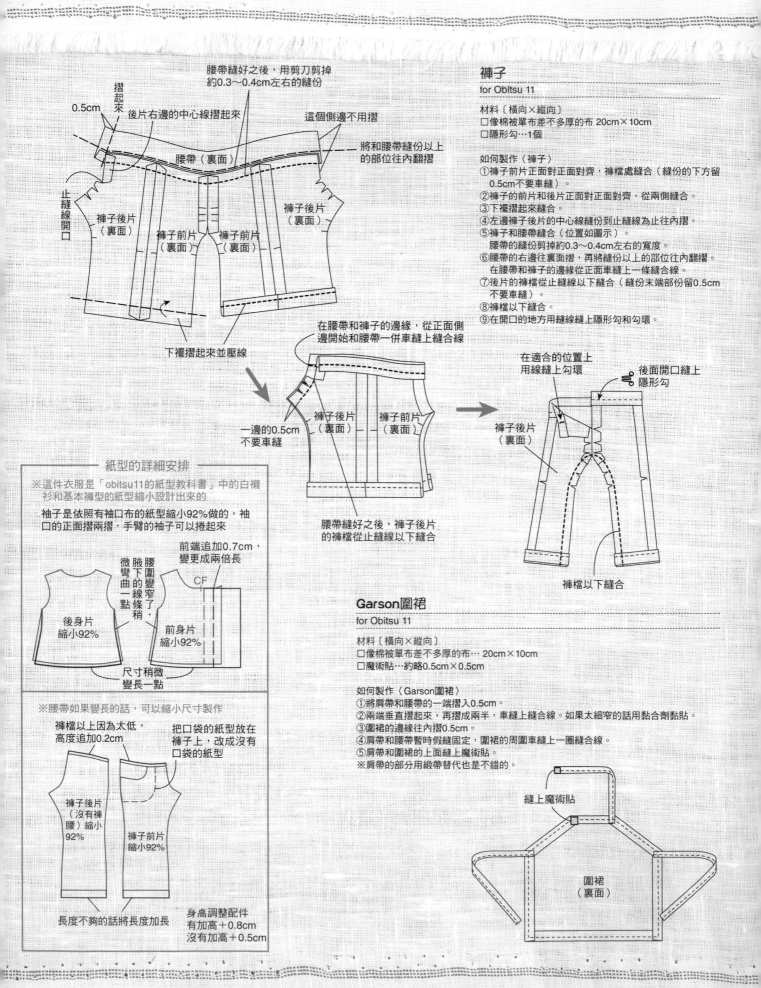

摺起來
0.5cm

腰帶縫好之後，用剪刀剪掉
約0.3〜0.4cm左右的縫份

後片右邊的中心線摺起來

這個側邊不用摺

將和腰帶縫份以上
的部位往內翻摺

腰帶（裏面）

止縫線開口

褲子後片
（裏面）

褲子前片
（裏面）

褲子前片
（裏面）

褲子後片
（裏面）

下襬摺起來並壓線

在腰帶和褲子的邊緣，從正面側
邊開始和腰帶一併車縫上縫合線

一邊的0.5cm
不要車縫

褲子後片
（裏面）

褲子前片
（裏面）

腰帶縫好之後，褲子後片
的褲襠從止縫線以下縫合

在適合的位置上
用線縫上勾環

後面開口縫上
隱形勾

褲子後片
（裏面）

褲襠以下縫合

褲子
for Obltsu 11

材料〔橫向×縱向〕
□像棉被單布差不多厚的布 20cm×10cm
□隱形勾…1個

如何製作〈褲子〉
①褲子前片正面對正面對齊，褲襠處縫合（縫份的下方留
　0.5cm不要車縫）。
②褲子的前片和後片正面對正面對齊，從兩側縫合。
③下襬摺起來縫合。
④左邊褲子後片的中心線縫份到止縫線為止往內摺。
⑤褲子和腰帶縫合（位置如圖示）。
　腰帶的縫份剪掉約0.3〜0.4cm左右的寬度。
⑥腰帶的右邊往裏面摺，再將縫份以上的部位往內翻摺。
　在腰帶和褲子的邊緣從正面車縫上一條縫合線。
⑦後片的褲襠從止縫線以下縫合（縫份末端部份留0.5cm
　不要車縫）。
⑧褲襠以下縫合。
⑨在開口的地方用縫線縫上隱形勾和勾環。

紙型的詳細安排

※這件衣服是「obitsu11的紙型教科書」中的白襯
衫和基本褲型的紙型縮小設計出來的。

袖子是依照有袖口布的紙型縮小92%做的，袖
口的正面摺兩摺，手臂的袖子可以捲起來

前端追加0.7cm，
變更成兩倍長

微彎曲的線條稍
腋下的一線點

腰圍變窄了。

CF

後身片
縮小92%

前身片
縮小92%

尺寸稍微
變長一點

※腰帶如果變長的話，可以縮小尺寸製作

褲襠以上因為太低，
高度追加0.2cm

把口袋的紙型放在
褲子上，改成沒有
口袋的紙型

褲子後片
（沒有褲
腰）縮小
92%

褲子前片
縮小92%

長度不夠的話將長度加長

身高調整配件
有加高＋0.8cm
沒有加高＋0.5cm

Garson圍裙
for Obitsu 11

材料〔橫向×縱向〕
□像棉被單布差不多厚的布… 20cm×10cm
□魔術貼…約略0.5cm×0.5cm

如何製作〈Garson圍裙〉
①將肩帶和腰帶的一端摺入0.5cm。
②兩端垂直摺起來，再摺成兩半，車縫上縫合線。如果太細窄的話用黏合劑黏貼。
③圍裙的邊緣往內摺0.5cm。
④肩帶和腰帶暫時假縫固定，圍裙的周圍車縫上一圈縫合線。
⑤肩帶和圍裙的上面縫上魔術貼。
※肩帶的部分用緞帶替代也是不錯的。

縫上魔術貼

圍裙
（裏面）

袖子的製作方法

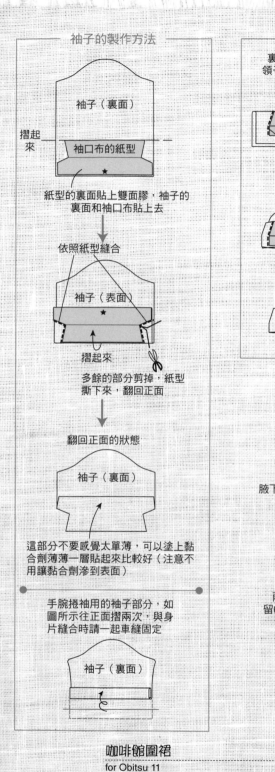

袖子（裏面）

摺起來

袖口布的紙型

★

紙型的裏面貼上雙面膠，袖子的裏面和袖口布貼上去

依照紙型縫合

袖子（表面）

★

摺起來

多餘的部分剪掉，紙型撕下來，翻回正面

翻回正面的狀態

袖子（裏面）

這部分不要感覺太單薄，可以塗上黏合劑薄薄一層貼起來比較好（注意不用讓黏合劑滲到表面）

手腕捲袖用的袖子部分，如圖所示往正面摺兩次，與身片縫合時請一起車縫固定

袖子（裏面）

領子的製作方法

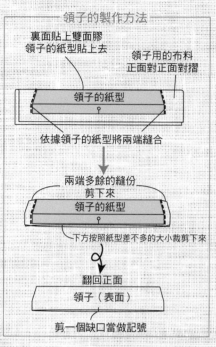

裏面貼上雙面膠
領子的紙型貼上去

領子用的布料
正面對正面對摺

領子的紙型

依據領子的紙型將兩端縫合

兩端多餘的縫份剪下來

領子的紙型

下方按照紙型差不多的大小裁下來

翻回正面

領子（表面）

剪一個缺口當做記號

廚師服

for Obitsu 11

材料〔橫向×縱向〕
□棉麻紗・棉質平紋布之類薄的布料…35cm×10cm
□魔術貼…0.5cm寬×2.5cm
□鈕釦（可以縫的）直徑0.4cm…6顆

如何製作〈廚師服〉
①製作領子（參考圖解）。
②製作袖子（參考圖解）。
③前身片和後身片的肩線縫合（靠領子旁邊的縫份約0.3cm不要縫合）。
④身片和領子縫合在一起。
⑤身片和袖子縫合在一起（兩端的縫份約0.5cm不要車縫）。
⑥身片部位正面對正面對摺，腋下到袖子下端縫合。
⑦下襬的前端往內摺。身片左邊的裏側放上魔術貼並粗縫暫時固定住。
⑧開口前端～下襬車縫上一圈縫線。反摺的部分上方藏針縫縫好。用黏合劑黏貼好。
⑨左身片和右身片重疊，在右身片適合的位置上縫上魔術貼（可依照個人喜好用黏合劑先固定也是好辦法）。

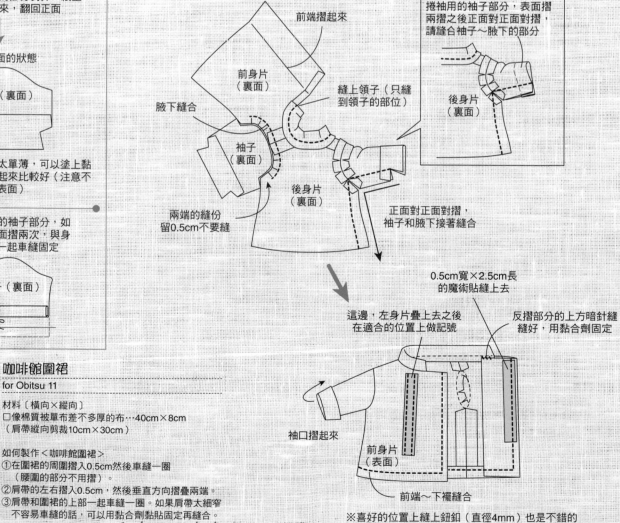

前端摺起來

前身片（裏面）

腋下縫合

縫上領子（只縫到領子的部位）

捲袖用的袖子部分，表面摺兩摺之後正面對正面對摺，請縫合袖子～腋下的部分

後身片（裏面）

袖子（裏面）

後身片（裏面）

兩端的縫份留0.5cm不要縫

正面對正面對摺，袖子和腋下接著縫合

這邊，左身片疊上去之後在適合的位置上做記號

0.5cm寬×2.5cm長的魔術貼縫上去

反摺部分的上方暗針縫好，用黏合劑固定

袖口摺起來

前身片（表面）

前端～下襬縫合

※喜好的位置上縫上鈕釦（直徑4mm）也是不錯的

咖啡館圍裙

for Obitsu 11

材料〔橫向×縱向〕
□像棉質被單布差不多厚的布…40cm×8cm
（肩帶縱向剪裁10cm×30cm）

如何製作〈咖啡館圍裙〉
①在圍裙的周圍摺入0.5cm然後車縫一圈
（腰圍的部分不用摺）。
②肩帶的左右摺入0.5cm，然後垂直方向摺疊兩端。
③肩帶和圍裙的上部一起車縫一圈。如果肩帶太細窄不容易車縫的話，可以用黏合劑黏貼固定再縫合。

使用印刷布的不費工手工藝！

Print Dress Lesson

DOLCHU

Obitsu 11系列的小尺碼禮服
讓我們用印刷布料和黏著劑輕鬆完成吧！
這個主題是童話般的圍裙連衣裙。
小紅帽和愛麗絲做到了。
將向大家介紹新的HINA（姬奈小姐）

化妝 & 服裝：DOLCHU

Check!

首先請從Dollybird 的HP下載紙型資料。
http://hobbyjapan.co.jp/dollybird/

將Dollybird網站上的

「童話故事的圍裙連身裙」

的資料下載下來

用市面上販售的印刷專用布料，設定為

「100%尺寸」用噴墨印表機輸出

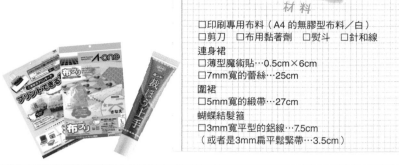

『童話故事的圍裙連身裙』下載

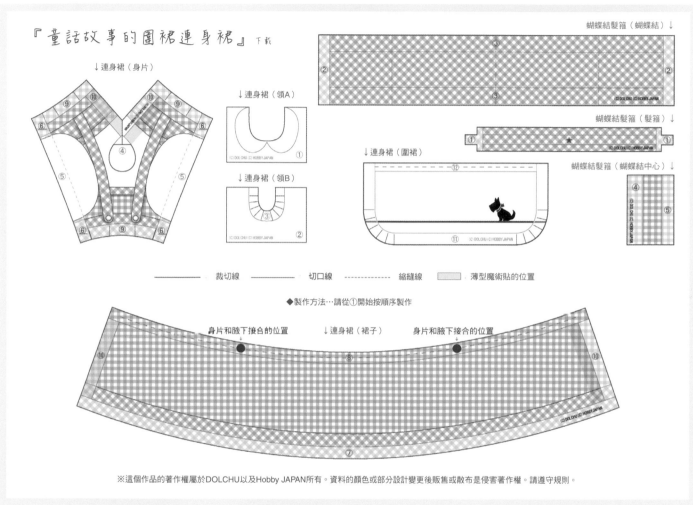

↓連身裙（身片）

↓連身裙（領A）

↓連身裙（領B）

↓連身裙（圍裙）

蝴蝶結髮箍（蝴蝶結）↓

蝴蝶結髮箍（髮箍）↓

蝴蝶結髮箍（蝴蝶結中心）↓

――― 裁切線　――― 切口線　------- 縮縫線　▨ 薄型魔術貼的位置

◆製作方法…請從①開始按順序製作

身片和腋下接合的位置　↓連身裙（裙子）　身片和腋下接合的位置

※這個作品的著作權屬於DOLCHU以及Hobby JAPAN所有。資料的顏色或部分設計變更後販售或散布是侵害著作權。請遵守規則。

PDF檔的配布是「桃樂絲（綠野仙蹤）」的圍裙連身裙。

Dollybird 01限定的HINA是以

愛麗絲夢遊仙境中的愛麗絲、

小紅帽為主題的

圍裙連身裙所設計。

詳情讀參閱此頁之後！

將布料印出來之後，各個部分仔細地剪下來

從步驟1開始按順序用布用黏合劑黏貼。

紅線部分剪出切口，虛線部分是縮縫的記號。

APRON DRESS

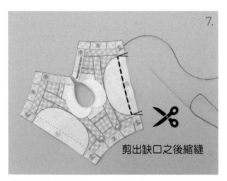

7.

剪出缺口之後縮縫

「連身裙（身片）」袖子⑤的部分如圖示剪出缺口，沿著虛線縫合（用紅線縫看起來比較明顯）。

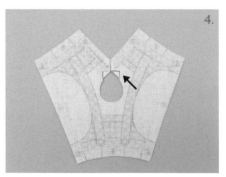

4.

「連身裙（身片）」的領口④之三角部分往內側摺，用黏合劑固定。

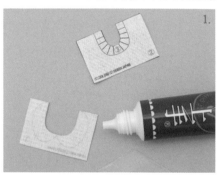

1.

「連身裙（領A）」①的背面均勻塗上布用黏合劑。

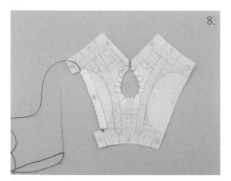

8.

縫好之後，袖子⑤的部分縫份往內摺，用黏合劑固定。

5.

領子的縫份黏貼上去

將「連身裙（身片）」的領口和「連身裙（領B）」重疊在一起，③的部分塗上黏合劑，沿著領口的曲線貼在背面。

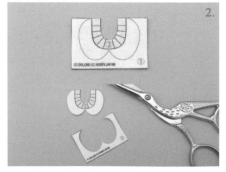

2.

將①貼合在「連身裙（領B）」上用熨斗壓燙，用剪刀沿著領口的線剪下來。

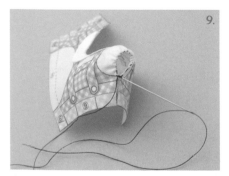

9.

黏合劑未乾之前拉緊縫線，縮縫之後娃娃的手臂寬（大約2.5cm）可通過，腋下⑥黏貼的部分向內倒，腋下用暗針縫兩針。

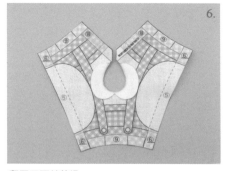

6.

翻回正面並整燙。

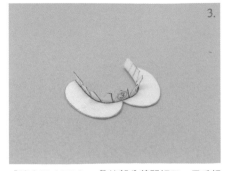

3.

「連身裙（領B）」③的部分剪開切口，用手把切口的部分持續往上摺起。

64

連身裙下面的裙襬，
用喜好的蕾絲做做看吧！♪

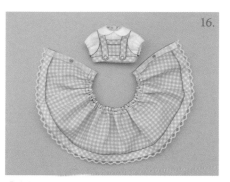

16.

「連身裙（裙子）」的上部⑧縮縫之後寬度（約8.5cm）和身片的腰圍配合後並整燙。

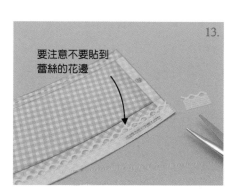

13.

要注意不要貼到蕾絲的花邊

僅黏貼蕾絲的底部，剪掉多餘的蕾絲。

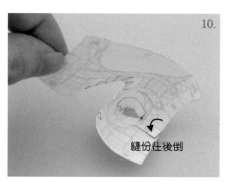

10.

縫份往後倒

腋下⑥的部分用黏合劑黏貼。黏貼的部分往後身片翻，用黏合劑固定住。

17.

「連身裙（身片）」腰圍⑨塗上黏合劑，和「連身裙（裙子）」⑧黏貼在一起（身片腋下開始的●記號，要平均分配到縮縫的部位）。

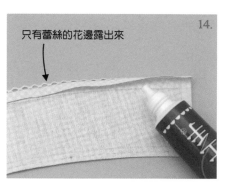

14.

只有蕾絲的花邊露出來

下襬⑦往內側摺，用黏合劑固定。

11.

剪出缺口後縫份往內摺

另外一邊的袖子也是同樣作法，腰圍⑨如圖示剪出缺口，持續往內摺。

18.

縫份往上

⑧⑨的黏貼部分，用黏合劑黏貼固定在身片的側邊。

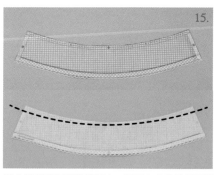

15.

將曲線整理好並整燙固定，裙子上方⑧的部分沿著虛線平針縫。

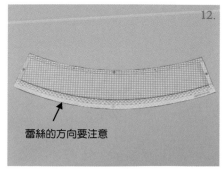

12.

蕾絲的方向要注意

「連身裙（裙子）」的下襬⑦塗上黏合劑，蕾絲的花邊向上，正面對正面貼在下襬。

袖子和腰圍的縮縫有點困難，只要沿著虛線，

一針一針仔細小心地縫著就沒問題。

加油，把它完成哦！♪

25.

圍裙的縮摺⑫塗上黏合劑，中心點與緞帶的中心點對齊黏貼在一起並整燙。

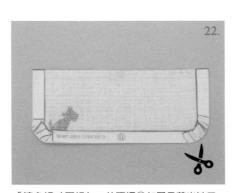

22.

「連身裙（圍裙）」的下襬⑪如圖示剪出缺口，往內側摺後並用黏合劑黏貼固定。

19.

後片開口⑩往內側摺，用黏合劑黏貼固定。

26.

緞帶的兩端用黏合劑黏好以防綻開。

23.

圍裙上方⑫的虛線做平針縫之後，拉緊縫線縮縫至約4cm寬度並整燙。

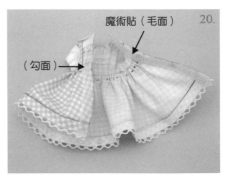

20.

魔術貼（毛面）

（勾面）

剪一段5mm×60mm的魔術貼，用黏合劑貼在「魔術貼黏貼位置」。

27.

連身裙和圍裙完成。

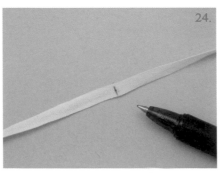

24.

剪下一段寬5mm×長27cm的緞帶，對摺之後就可以分辨出中心點，並在中心點用筆做記號。

21.

用手指將袖子從側面往下壓。

小紅帽和愛麗絲式童話故事
的圍裙式洋裝在下一頁！

蝴蝶結髮箍

7.

按照④、⑤的順序將「蝴蝶結髮箍（蝴蝶結中心）」往內側摺並黏合固定。蝴蝶結中心的內側塗上黏合劑，將圖6包捲起來之後黏合固定。

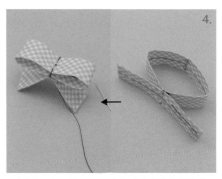

4.

蝴蝶結從中心點展開，中心重疊之後用線縫合固定。

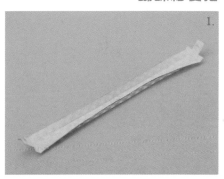

1.

「蝴蝶結髮箍（髮箍）」注意要沿著線往內摺。

8.

將髮箍與配合頭部大小彎出適合的曲度，將形狀整理即完成。

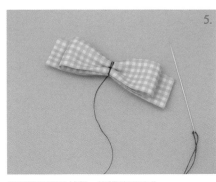

5.

將縫線緊緊的拉緊，蝴蝶結即形成。

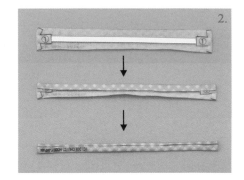

2.

髮箍背面塗上布用黏合劑，放入寬3mm×長7.5cm的扁平型鋁線，兩端①往內摺，髮箍上片和下片裏塗上布用膠往內摺，將鋁線包在裏面黏好。

9.

如果沒有扁平型鋁線的話，可以用3mm寬的鬆緊帶（約3.5cm）縫在髮箍的兩端，這樣也是可以挑戰完成髮箍的。

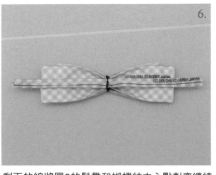

6.

剩下的線將圖2的髮帶和蝴蝶結中心點對齊纏繞在一起。

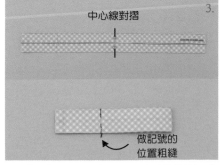

3.

中心線對摺

做記號的
位置粗縫

按照②、③的順序將「蝴蝶結髮箍（蝴蝶結）」往內側摺，用黏合劑黏貼並往中心點對摺，在1/3的位置（如圖示長虛線）做粗縫。

ORIGINAL PRINT DRESS

CHUCHU DOLL
Hina
Märchen apron dress

by Dollybird

「童話故事的圍裙連身裙」小紅帽

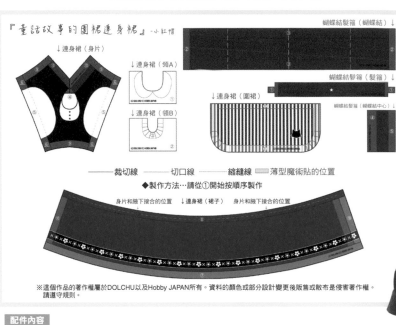

『童話故事的圍裙連身裙』-小紅帽

↓連身裙（身片）
↓連身裙（領A）
↓連身裙（領B）
蝴蝶結髮箍（蝴蝶結）↓
蝴蝶結髮箍（髮箍）↓
↓連身裙（圍裙）
蝴蝶結髮箍（蝴蝶結中心）↓

—— 裁切線　—— 切口線　······ 縮縫線　▨ 薄型魔術貼的位置

◆製作方法…請從①開始按順序製作

身片和腋下接合的位置　↓連身裙（裙子）　身片和腋下接合的位置

※這個作品的著作權屬於DOLCHU以及Hobby JAPAN所有。資料的顏色或部分設計變更後販售或散布是侵害著作權。請遵守規則。

▲斗蓬是用繩子繫在領口固定的

配件內容
「童話故事的圍裙連身裙-小紅帽」
● 連身裙
□ 印刷用布料
□ 7mm 蕾絲
□ 薄型魔術貼
● 圍裙
□ 5mm條紋緞帶
● 蝴蝶結髮箍
□ 3mm寬的扁平型鋁線
● 附屬品
□ 貓耳斗蓬
□ 襪子
□ 褲褲
□ 附有磁鐵的鞋子（紅色）
● 人偶本體
□ HINA的頭（鮑伯頭／深棕色）
□ Obitsu11身體（白肌）
□ 手部配件
※配件內容可能根據材料供給的情況會有變動
※照片是樣品。實際的產品可能會有所不同

期限
2018年
12月20日

Dollybird 01限定郵購
chuchu doll HINA「小紅帽」

¥14,040（13,000円＋稅）

● 雜誌上郵購的商品發送狀況請確認
http://hobbyjapan.co.jp/item_notice/

▶Hobby JAPAN網路商店請掃描這邊。
通信費用等請客戶自行負擔

▲小紅帽的頭髮是大約到肩膀長度向內彎的鮑伯髮型　　▲車縫帶貓耳的斗蓬　　▲圍裙連身裙和髮箍用布印出來

▶愛麗絲的斗蓬有附帶兔耳

ORIGINAL PRINT DRESS

CHUCHU DOLL
Hina
Märchen apron dress

by Dollybird

「童話故事的圍裙連身裙」愛麗絲

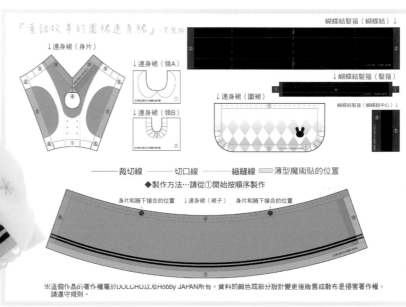

『童話故事的圍裙連身裙』-愛麗絲

↓連身裙（身片）　↓連身裙（領A）　蝴蝶結髮箍（蝴蝶結）↓

↓連身裙（領B）　↓連身裙（圍裙）　↓蝴蝶結髮箍（髮箍）

蝴蝶結髮箍（蝴蝶結中心）↓

——裁切線　－－切口線　‥‥‥縮縫線　▨薄型魔術貼的位置

◆製作方法…請從①開始按順序製作

身片和腋下接合的位置　↓連身裙（裙子）　身片和腋下接合的位置

※這個作品的著作權屬於DOLCHU以及Hobby JAPAN所有。資料的顏色或部分設計變更後販售或散布是侵害著作權。
請遵守規則。

配件內容

「童話故事的圍裙連身裙-愛麗絲」
- ●連身裙
- □印刷用布料
- □薄型魔術貼
- □7mm 蕾絲
- ●圍裙
- □5mm棉質緞帶
- ●蝴蝶結髮箍
- □3mm寬的扁平型鋁線
- ●附屬品
- □兔耳斗蓬
- □附蝴蝶結的繩狀領帶
- □襯裙
- □連身褲襪
- □附有磁鐵的鞋子（黑色）
- ●人偶本體
- □HINA的頭（髮尾捲曲的長髮／淺金色）
- □Obitsu11身體（白肌）
- □手部配件
※配件內容可能根據材料供給的情況會有變動
※照片是樣品。實際的製品可能會有所不同

期限
2018年
12月20日

Dollybird 01限定郵購
chuchu doll HINA「愛麗絲」

¥14,040 (13,000円＋税)

「Hobby JAPAN網路商店」請詢問和申請
http://hobbyjapan-shop.com
網路商店首次使用的方法，首先請註冊為會員。

○申請截止日期○
2018年12月20日（星期四）

○商品寄送預定○
預計2019年5月～6月
○如果收到大量的訂單，發貨日期可能會延長。○確定發貨日期之
後，會立刻發送電子郵件通知您。
○如果地址有變更的情況發生時，請在網路商店裡我的頁面上做更
改。

【諮詢】
●與本商品有關的任何問題請與以下聯絡
Hobby JAPAN公司 郵購人員
TEL: 03-5304-9114 （平日10:00～12:00、13:00～17:00）
E-mail: shop＠hobbyjapan.co.jp

▲裙撐、褲襪材料可能
會有所不同

▲愛麗絲的頭髮是長至膝
蓋以下的尾端捲髮

▲配件包含薄型魔術貼和
鋁線

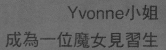

Le chapeau
de
Yvonne
Fusae Tachibana

Yvonne小姐
成為一位魔女見習生

人偶模特兒：Yvonne
帽子&頭髮：Fusae Tachibana
化粧：Satomi Hirota
服飾：midinette minuit
照片：Takanori Katsura

Charlotte（夏洛特）

夢想夏洛特
戀愛魔法修行中

Isabella（伊莎貝拉）
認真的伊莎貝拉
親友是魔法書

Gren（格瑞）

格瑞是藥博士
斑點滿滿的連衣裙

2018年12月1日～2日 Ruby in the Soda「Yvonne銷售抽籤會」
http:// yvonne-pique-la-lune.blog.jp　http:// rubyinthesoda.blog60.fc2.com

戀愛中沒有星期天

L'amour n'a pas de Dimanche

時尚人偶娃娃的妹妹們

PEPPER
Tammy's little sister

美國Ideal公司從 Tammy出生隔年的1963年，
他的爸爸、媽媽和哥哥泰德也一起登場。
他們比Tammy小約7cm，是小巧的23.5cm。
對於迷人的雀斑、金色的頭髮和棕色的頭髮，
短髮才是重點。

CANNA カンナ ちゃん

長島製作所的史嘉蕾的妹妹肯娜。
於史嘉蕾登場的隔年1967年出生。23cm 9歲。
媽媽是一名設計師，經營一間西式縫紉店。
60年代，在服裝店製作衣服很常見，時裝設計師是很多人嚮往的工作。
史嘉蕾、莉卡和Yuko等，人偶娃娃設定也有反映在其中，很有趣。

Skipper
Barbie's little sister

芭比的妹妹Skipper是由Mattel公司出品。
為了對應批評芭比的性感身材不適合小孩子，
才會有中性的Pepper。23 cm。
從1964年登場到現在，它仍在繼續更新，是長期暢銷商品。

妹妹妹妹

● 妹妹的連身裙

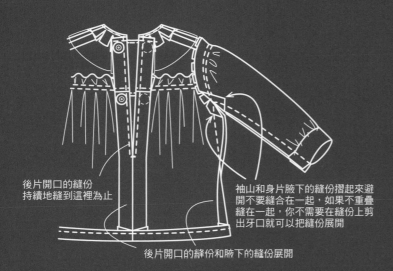

後片開口的縫份
持續地縫到這裡為止

袖山和身片腋下的縫份摺起來避
開不要縫合在一起，如果不重疊
縫在一起，你不需要在縫份上剪
出牙口就可以把縫份展開

後片開口的縫份和腋下的縫份展開

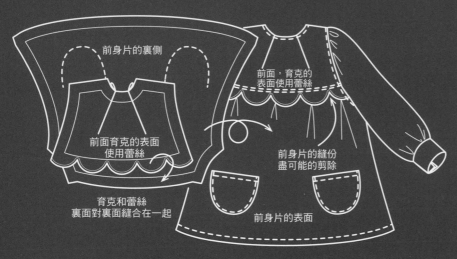

前身片的裏側

前面育克的表面
使用蕾絲

前面，育克的
表面使用蕾絲

育克和蕾絲
裏面對裏面縫合在一起

前身片的縫份
盡可能的剪除

前身片的表面

材料（橫向×縱向）
□喜好的布料…30×25cm（如果只做一種顏色的話）
□暗釦…2顆
□領子貼邊用的網紗 適宜

❶育克前面縫上褶子。褶子往外側倒，剪掉多餘的縫
　份。
❷育克前片和育克後片的肩線正面對正面縫合在一起，
　將縫份展開。製作口袋（如果沒有要做口袋的話，直
　接跳到步驟3）。口袋的縫份往內側倒，壓上縫合線。
　周圍的縫份縮縫，邊角剪出牙口，用熨斗整燙之後，
　在前身片口袋的位置固定上去。
❸前身片和後身片縮縫。
❹前育克和後育克和身片正面對正面縫合。
　縫份往育克的方向倒，車縫上縫合線。
❺領口的正面放上貼邊用的網紗（或者是薄的布料）和
　領口縫合，將多餘的縫份剪掉。
　領口的縫份剪出牙口，網紗和縫份一起翻回正面並整
　理好，領口的邊緣車縫上一條縫合線。
❻後身片的中心線正面對正面對齊縫合，從下襬開始到
　止縫線為止縫合在一起，縫份展開。後片開口的縫份
　往內摺之後車縫上縫合線。
❼袖子口縮縫，袖口布用斜裁包邊條的要領將縫份包起
　來為縫合。袖山做縮縫。
　身片的袖口縫份剪出牙口。
❽身片和袖子正面對正面縫合在一起（※一邊預留5mm
　不要縫合）。壓線從一端的5mm開始車縫。
❾袖子和身片褲下正面對正面對齊，接著從袖口開始往
　下襬縫合。將縫份展開。
❿下襬往內摺之後車縫上縫合線。後片開口縫上魔術貼。
　※袖子若是用毛絨布料做的話，縫份用剪刀修剪打薄。
　※如果想要用蕾絲裝飾育克的話，蕾絲的一端突出於正
　面之外，縫份裏面對裏面一起縫合，縫份倒向裙子的
　那邊，車縫上縫合線。

再度、美麗。

Tammy doll 1963

salon de momiji

新連載一系列，清潔維修舊的人偶娃娃，恢復它們的美麗。
這次的人偶模特兒是美國製的，
比較起來是比較不會損壞、直腿身體的Tammy。

照片& 文字：momiji igarashi　服飾：salon de monbon

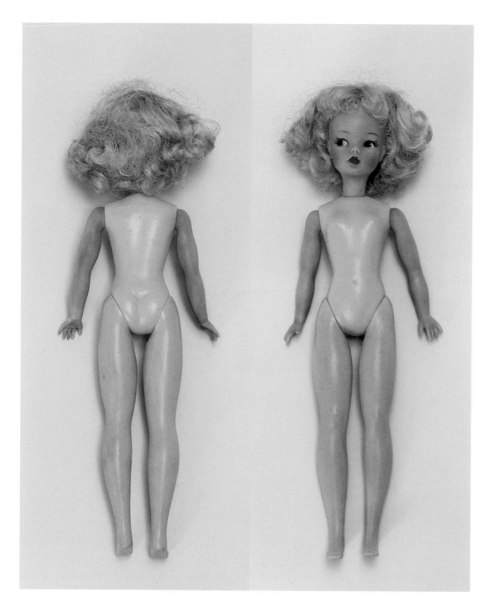

開始作業前，需要先確認維修清潔的部分。雖然沒有大的破損，但因為人偶手臂材質過於柔軟，特別容易髒污，身體本身明顯的色差，頭髮打結捲曲，髮流失去原本的完整性也是會發生的情況。

1.

這次請託的人偶全身都有點髒，眉毛消失、口紅和腮紅有一邊掉色了。

6.

洗不掉的髒污可以用科技海綿輕輕擦拭。

4.

在溫水裡倒入中性清潔劑至微微起泡的程度，做成清潔劑來清洗身體。

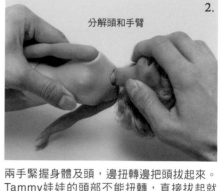

2.

分解頭和手臂

兩手緊握身體及頭，邊扭轉邊把頭拔起來。Tammy娃娃的頭部不能扭轉，直接拔起就可，但要注意頭部連接處可能會損壞。

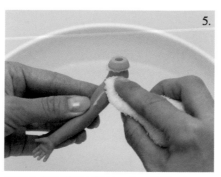

7.

身體和腳也是用同樣的清潔液擦拭，擦不掉的髒污可以用科技海綿輕輕擦拭。

5.

用濕布沾取清潔劑擦拭，主要的髒污包括手觸摸時弄髒和灰塵。尤其是在幫人偶擺姿勢時，碰觸的部位會特別容易髒污。

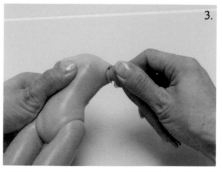

3.

手臂也是同樣的方法，一邊扭轉一邊拔。萬一損壞請自行負責，所以不要太勉強，一點一點慢慢試看看。

材料

碗
棉花
牙籤
布
科技海綿
橡皮筋
木工用的黏合劑
潤絲精
中性清潔劑
梳子

14.

用手指頭把黏合劑塗開,眼睛、鼻子、嘴巴及耳朵的凹槽也要厚厚的塗滿。

15.

脖子也要塗上黏合劑。

16.

手臂也是要同樣地塗滿黏合劑。

11.

眼睛四周也很容易堆積髒污。大拇指與食指放在耳朵周圍輕壓臉部,使眼睛可以稍微平整一點,這樣髒污比較容易清除。

12.

將清潔劑擦拭乾淨。接下來準備黏合劑。為了防止髮際的頭髮掉下來,用橡皮筋充當髮帶圈在頭髮上。

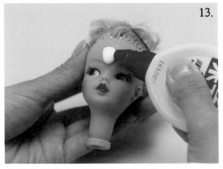

13.

將快乾型的木工用黏合劑塗在臉上。

8.

用乾淨微溫水沾濕的布沾取清潔劑擦拭,用乾的毛巾擦去水份,讓它自行風乾。

9.

臉部用沾有清潔劑的濕布擦拭。若擦得太過度,也會掉漆的,所以有顏色的部分要特別小心。頑固的髒污可以用科技海綿擦拭。

10.

嘴巴的接縫部位特別容易累積髒污。把棉花薄薄地捲在牙籤的一端,將嘴巴裡面的髒污清出來。

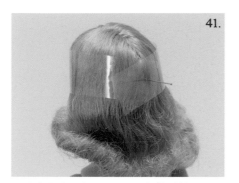

41.

如果沒有透明套子，可以用無伸縮性但有強度的OPP袋修剪後使用，用大頭針固定。

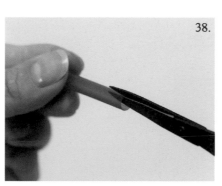

38.

吸管的兩端切開兩道缺口，做為橡皮筋可以掛上去的部分。

35.

右臉頰的腮紅對照左邊，相同的位置上色。

42.

下面的頭髮往下拉，瀏海、頭頂部分的頭髮也拉直。

39.

廚房紙巾剪成4cm×4cm大小。一共做12組。

36.

上妝完成。

43.

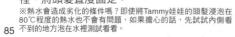

將熱水倒至碗裡（溫度約80℃左右），頭的後部向下浸泡約10分鐘左右※。再浸泡到冷水裡，將頭髮直度固定。

※熱水會造成劣化的條件嗎？即使將Tammy娃娃的頭髮浸泡在80℃程度的熱水也不會有問題，如果擔心的話，先試試內側看不到的地方泡在水裡測試看看。

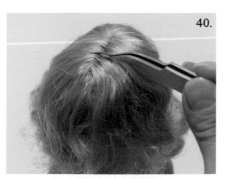

40.

開始捲髮之前先將瀏海重新整理，先撫平亂翹的髮根，用梳子分區梳理整齊。

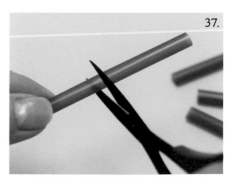

37.

接著是髮型整理。整理髮型需要用到吸管，約2.5cm寬，剪一批備用。

材料

碗
矽利康製橡皮筋（MOBILON）
髮夾
剪刀
鑷子
睫毛梳
梳子
壓克力棒
吸管
絲襪
大頭針
OPP袋
廚房紙巾

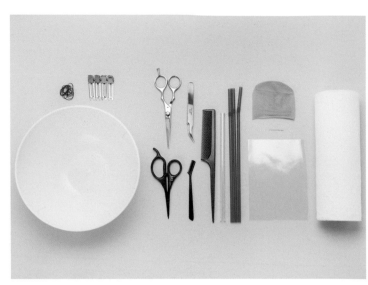

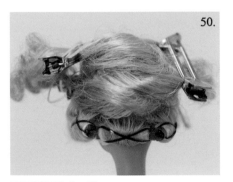

50.

下面這區捲成三捲。

47.

下段取1/3的髮量，紙巾放在夾著頭髮的指頭底下。

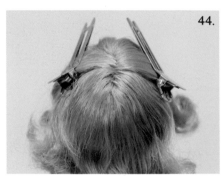

44.

將兩邊耳朵到頭頂連成直線的頭髮分區夾好，左右兩邊如果不同髮量的話請調整一致。

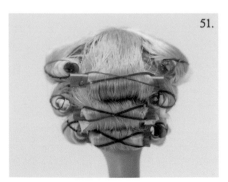

51.

中間這段捲成三捲，上面這段也同樣捲成三捲。左右兩邊的髮量不一定原本就均等，所以在捲髮時也是要注意一下髮量的平衡。

48.

紙巾對摺成一半，頭髮夾在紙巾裏面。此時注意不要將頭髮扯斷，紙巾下面放上髮捲，向上往內捲。

45.

後面的頭髮分為上中下三區，上面兩區各別固定好。

52.

兩邊各捲成兩捲。兩邊的後面兩端，從前面看時，要將位置調整成平衡均勻的狀況。

49.

橡皮筋交叉固定在髮捲上，讓細小的毛髮不脫落。

46.

開始捲髮之前先把髮尾修剪一下。

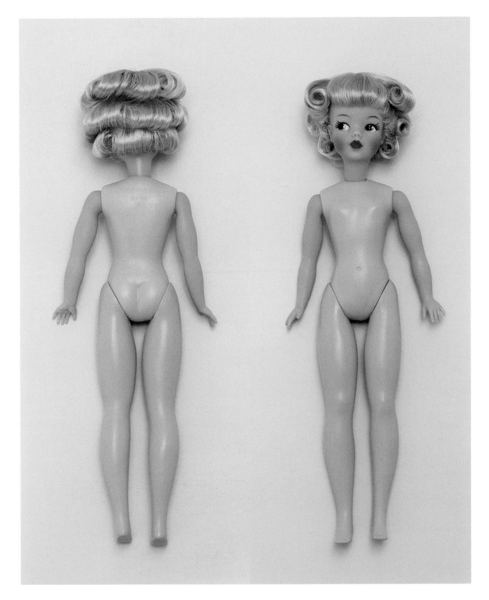

原本有點暗黑的臉和手臂，整體的膚色變得更加明亮美麗，眉毛和嘴唇的線條比之前更加清晰，雙頰腮紅的濃度平衡獲得改善，而且原本蓬頭垢髮恢復為亮麗的捲髮。

53.

在髮捲未拆下時將絲襪套在頭上，碗裡倒入熱水，約浸泡10分鐘。因熱水的關係會讓頭髮變捲後再泡在冷水裡冷卻，捲度即固定。

58.

頭頂內側的毛髮輕輕地逆毛往上梳。按照你喜歡的方式將髮捲輕輕地拆開。

56.

將頭髮拉開捲上髮捲，加熱之後原本糾結捲曲的頭髮也能變得直順，光澤也透出來了。

54.

用毛巾輕拍吸取水氣，自然風乾到完全乾燥為止。

59.

感覺很像60年代的女演員，有著QQ捲髮的Tammy娃娃完成！

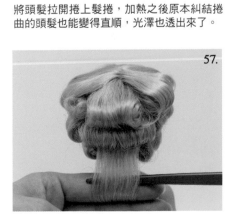

57.

取一束尾端的毛髮，手持著毛髮尾端，順一下尾端的髮流，用手指頭捲起毛髮，尾端的毛髮一圈一圈地纏繞成捲髮。

55.

將橡皮筋、髮捲拆開一組確認是否成功？如果頭髮都呈捲曲樣，即可將全部的髮捲都拆下來。

整合介紹
2018年夏季和秋季
發佈的人偶娃娃。

※也包括訂購結束的商品和
售完的商品。請知悉。
※價格是標示未稅的

BLYTHE

CWC限定17週年紀念日Neo Blythe
「Unicon Maiden／獨角獸少女」
●26,700日元　●2018年8月發售
◀4色特殊顏色的眼睛和發亮的半透明光
滑肌膚的神祕感

Neo Blythe 「Cream cheess & Jam／奶油起司& 果醬」
●17,900日元　●2018年10月發售
▲古典洛麗塔風格的茶組花樣

Neo Blythe 「Sarah Shades」
●17,900日元　●2018年8月發售
▲獨特的太陽眼鏡指向60年代時尚的重點

Middie Blythe 「Jolly
Jumbly Pippilotta」
●12,400日元
●2018年11月發售
▶紅頭髮的米迪，鼻子
上有曬黑的顏色和上色
的雀斑

TOPSHOP限量CWC生產
共同打造Middie Blythe
「Blythe&Rilakkuma Super stars」
●17,400日元
●2018年8月發售
▶包含Rilakkuma的服裝和附上連身裙的解說圖

諮詢　Cross World Connections　www.blythedoll.com

TAKARA TOMY

「AKUAKARU MISAKI」
●4.500日元　●2018年6月發售
▶如果使用附屬的霧化器噴水，就可以輕鬆的製作捲髮和波浪髮型哦！

✿RIKA幸福連身裙典藏系列

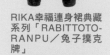

RIKA幸福連身裙典藏系列「FUWAFUWA TANPOPO／輕飄飄蒲公英」
●900日元
●2018年12月發售
▲在上衣上有一大朵的蒲公英哦！

RIKA幸福連身裙典藏系列「RABITTOTO-RANPU／兔子撲克牌」
●900日元
●2018年12月發售
▲用紅黑白色描畫的撲克牌花樣

RIKA幸福連身裙典藏系列「SHINY ROSE／閃亮薔薇」
●900日元
●2018年12月發售
▲搭配黃玫瑰圖案的公主風格連衣裙

RIKA幸福連身裙典藏系列「FRESH GRAPE／新鮮的葡萄」
●900日元
●2018年12月發售
▲清爽露背的彩色連衣裙

LW-01「PINK HEART／粉紅之心」
●1,200日元
●2018年12月發售
▲在粉紅色的皇家禮服上裝飾很多緞帶

LW-02「DREAM SWAN／夢想天鵝」
●1,200日元
●2018年12月發售
▲水藍色的裙子上有天鵝的模樣

RIKA幸福連身裙典藏系列「FLOWER PICNIC／花 郊遊」
●900日元
●2018年12月發售
▲扇形衣領上多彩的小花圖案

RIKA幸福連身裙典藏系列「RIBBON RIB-BON／緞帶 緞帶」
●900日元
●2018年12月發售
▲大膽的緞帶花樣洋裝。在胸口的是真的緞帶！?

RIKA幸福連身裙典藏系列「PEACH HEART／桃色之心」
●900日元
●2018年12月發售
▲心形桃子模樣的巧思

RIKA幸福連身裙典藏系列「TEDDY BEAR MINT／泰迪熊 薄荷」
●900日元
●2018年12月發售
▲用可愛的泰迪熊們來做插圖的裙子

LW-03「PURPLE STAR／紫色星星」
●1,200日元
●2018年12月發售
▲就如夜空星星影像的紫色洋裝

LW-04「COLORFUL ICE PARTY／多彩繽紛的冰淇淋舞會」
●1,200日元
●2018年12月發售
▲冰淇淋小肩包是亮點

諮詢　TAKARA TOMY 客人諮詢室 0570-041031（平日10:00～17:00）

© TOMY

「CCS 18AN momoko PSbg」
●20,000日元
●2018年8月發售
◀米色款式、紅色橡膠鞋底

「CCS 18AN momoko PSpk」
●20,000日元
●2018年8月發售
▶第一代的momoko特殊顏色只在PW商店限定發售

「CCS 18AN momoko」
●20,000日元
●2018年8月發售
◀大衣的裡面是襯衫及短褲搭配

「CCS 18AW momoko」
●22,000日元
●2018年11月發售
▶「PetWORKs 學園」的女子部形象制服

momo小饅頭淡黃色
●4,200日元
●2018年8月發售
▼這黃色也是在會場限定販售

momo 小饅頭淡藍色
●4,200日元
●2018年8月發售
▼「PetWORKs的工作和野心」展覽會場限定

momo小饅頭
●4,200日元
●2018年7月發售
▼小饅頭熊變成PostPet的momo！

「CCSgirl 18AW ruruko」
●20,000日元
●2018年11月發售
▲ruruko是「PetWORKs 學園」小學部的樣式

「Today's momoko 1810」
●15,500日元
●2018年10月發售
▶甜美的臉孔有綠色的眼睛

「CCS 18SS momoko DS」
●23,000日元
●2018年9月發售
◀Pet WORKs 20周年紀念的長袖和服黑ver

兔子036
●3,800日元 ●2018年10月發售
▲淡藍色小饅頭的杏仁眼睛兔子

兔子035
●3,800日元
●2018年8月發售
◀淡黃色小饅頭動漫版的眼睛兔子。展覽會場限定

吸血鬼ruruko男孩
●20,000日元
●2018年10月發售
◀比一般身體再高一點的S尺寸

吸血鬼ruruko女孩
●20,000日元
●2018年10月發售
▶白色×黑色嬌艷的頭髮及兔子耳朵針織披風

「CCSgirl 18SS ruruko淺粉紅色公主」
●21,000日元 ●2018年8月發售
▲金髮搭配淡紅色的短版和式洋裝

「CCSgirl 18SS ruruko黑色公主」
●21,000日元 ●2018年8月發售
▲烏黑公主剪裁的烏鴉色禮服

諮詢 PetWORKs事業部 www.petworks.co.jp/doll/

90

Dolly News
INFORMATION

SEKIGUCHI

momoko DOLL
「Princess Dirndl
Tomboy Ver.」
●12,800日元
●2018年10月發售
▶迷人的紅髮三股編

星之卡比
momoko DOLL
「Kirby Parka Set」
●13,800日元
●2018年8月發售
◀試著尋找Warpstar、
Maxim Tomato！

Wake-UP momoko DOLL
「WUDsp Monchhichi
Yamashiroya ver」
●7,500日元
●2018年9月發售
▶上野Yamashiroya的夢奇奇
活動特別限定

momoko DOLL
「Sweet Dreams」
●12,800日元
●2018年8月發售
▶粉彩色的睡衣套組之
澎澎絨毛裝飾的涼鞋

momoko DOLL 「逃飛行」
●12,800日元 ●2018年11月發售
▲卡其連身裙、皮革風緊身束腰和皮帶

momoko DOLL
「Black Coffee」
●12,800日元
●2018年10月發售
◀男孩子氣的個性派單色調

「PostPet 20th
Anniversary momoko
DOLL PW Exclusive」
●14,000日元
●2018年8月發售
◀有MOMO熊刺繡的棒球夾
克，品質很棒

GROOVE

Pullip 「The secret garden of white
witch」
●22,000日元 ●2018年12月發售
▲15週年改妝比賽的大賞作品商品化

Pullip 「Alrescha Pisces」
●19,000日元 ●2018年12月發售
▲「Doll Carnival 2018」中大受歡迎的娃
娃，珍珠中的美人魚姿態登場

Pullip 「Les Secrets by Laduree」
●22,000日元 ●2018年11月發售
▲和Les Secrets by Laduree共同合作。可愛的甜點風
格，附屬的上衣也是假日休閒的風格

Taeyang
「hide～20th MemorialVer.」
●22,000日元
●2018年11月發售
▲永眠20年。hide共同合作系列第4彈
※商品預約已經結束

momoko™ ©PetWORKs Co., Ltd. Produced by SEKIGUCHI Co., Ltd.
©Nintendo / HAL Laboratorory,Ink.

Les Secrets by Ladurée
©HEADWAX ORGANIZATION CO.,LTD.
©cheonsang cheonha.All Rights Reserved.

諮詢　Sekiguchi 客服中心　0120-041-903（平日9:30～12:00、13:00～17:00）
　　　Sekiguchi株式會社　www.jgroove.jp　info@groove.ws

「Lil' Fairy～貓的手也想借？
～/Lipu」
●8,300日元　●2018年10月發售
▲和服女僕裝的掃除妖怪─Lipu 以白貓
的姿態

「Lil' Fairy～貓的手也想借？
～/Vel」
●8,300日元　●2018年9月發售
▲艷麗紅色和服的Vel變身為黑貓

「Lil' Fairy～貓的手也想借？
～/Erunoe」
●8,300日元　●2018年8月發售
▲Erunoe是銀貓。3人在秘密的貓
咖啡廳幫忙

「Mimigarden博物誌／Myamu」
●9,600日元　●2018年10月發售
●4種臉部和2種髮型配件附屬在內

Picco男子「有藤Riku
（Yellow ver.）」
●7,300日元　●2018年8月發售
◀picco neemo M男子素體
人偶 第一彈是這3人

Picco男子「石川
Hajime（Blue ver.）」
●7,300日元　●2018年8月發售
▶臉部配件各3種、頭部配
件各5種附屬在內

Picco男子「新屋敷Tsubasa
（Brown ver.）」
●7,300日元　●2018年8月發售
◀享受3人的髮型配件和臉部替換

「Mimigarden博物誌／wafuru」
●9,600日元　●2018年10月發售
◀花店的wafuru。素體是使用picco D
的白肌

Picco Sarah's a・la・mode
「～Sweets a・la・mode～
Peach pie/Maya」
●9.000日元　●2018年9月發售
▶Peach pie 是Azone direct store
限定

1/12Assault Lil' 系列 No.043「一之
宮・Mikaela・日葵」
●各9.800日元　●2018年9月發售
▲picco M身體的 LL胸規格，4種臉部附屬在
內。Azone限定版是棕髮

1/12Lilia「BlackRaven II～The Darkness
full of city～ Pink Halloween Edition.」
●9,000日元　●2018年10月發售
▲Picco M尺寸的Lilia。表情配件4種和武器都
附屬在內

Picco Sarah's a・la・mode
「～Sweets a・la・mode～
Cherry pie/Maya」
●9,000日元　●2018年9月發售
◀2013年的人氣模特兒以Picco D尺
寸再登場

Alvastaria「Tieo～雙胞胎的裁縫店～」
●12,000日元
●2018年11月發售
◀Tieo是採用 Fully 可動 XS男子素體

Alvastaria「Tiea～雙胞胎的裁縫店～」
●12,000日元
●2018年10月發售
◀1/6的Pure Neemo Flection XS尺寸

EX☆CUTE「Marshmallow Usagi san/Mio」
●13,000日元
●2018年11月發售
◀Mio和Fuka是1/6 FLECTION M素體的LL胸規格

EX☆CUTE「Marshmallow Usagi san/Fuka」
●13.000日元
●2018年10月發售
▶連身裙和性感內衣附屬在內

1/6 Pure Neemo Character Series No.114PBD『鬼太郎』貓女 Premium Bandai 限定版
●13,500日元
●2019年3月發售
◀限定版臉部追加腮紅。手機也附屬在內

限定

1/6 Pure Neemo Character Series No.114『鬼太郎』貓女
●13,000日元
●2019年3月發售
▶採用Pure Neemo 2 Emotion 素體的M腳、S胸

EX☆CUTE「Aika/ Wicked Style IV ver.1.1」
●12,000日元
●2018年10月發售
◀12th系列的造型以白肌規格登場

EX☆CUTE「Miu /Blue Bird's Song IV ver.1.1」
●12,000日元
●2018年9月發售
▶Miu和Aika 是Picco neemo 2 Emotion S素體的規格

1/3 Another Realistic Characters No.009「要來點兔子嗎？？」智乃
●5.200日元
●2018年12月發售
▲採用全高45cm 的新素體「AZT8-45」

FR Nippon Collection [Kylie /Dancing Queen」
●18,000日元
●2018年9月發售
◀全高29cm，亮晶晶的舞者時尚

1/6 Pure Neemo Character Series No.110『Re：從零開始的異世界生活 Memory Snow』Rem
●13,000日元 ●2018年12月發售
▲Pure neemo尺寸的Rem Ram登場！

1/6 Pure Neemo Character Series No.112『Re：從零開始的異世界生活 Memory Snow』Ram
●13,000日元 ●2019年2月發售
▲1/6尺寸的Rem Ram 採用冰期服

FR Nippon Collection「Misaki / Spun Sugar」
●18,000日元
●2018年5月發售
▶22版的Misaki是有羽毛的背包童話故事造型

Iris Collect「Kano /lovely snows～可愛的雪～」
●48,000日元
●2018年10月發售
▲全高50cm、AZ02素體（L胸）可換眼的娃娃

問題諮詢 請洽 AZONE INTERNATIONL www.azone-int.co.jp

※照片上是樣品。實際的商品可能會有差異的情況發生。

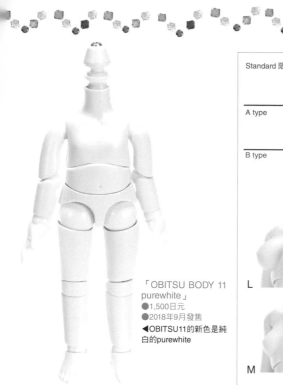

「OBITSU BODY 11 purewhite」
●1,500日元
●2018年9月發售
◀OBITSU11的新色是純白的purewhite

			紅色①	棕色②	藍色③	綠色④	紫色⑤
Standard 限定E type			①	②	③	④	⑤
A type			⑥	⑦	⑧	⑨	⑩
B type			⑪	⑫	⑬	⑭	⑮

※非正式式訂單Vol.3限定的虹珠，沒有販售單品。

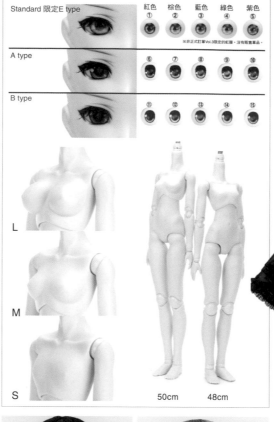

L

M

S

50cm   48cm

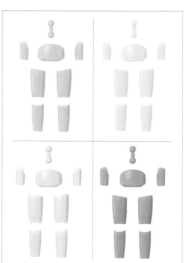

「OBITSU BODY 11 手部組合A」
●各500日元
●2018年9月發售
▶除了purewhite之外，還有限定色super whitey、sunlight 登場

「OBITSU BODY 11身長調整配件」
●各600日元 ●2018年9月發售
◀natural、whitey、superwhitey、sunlight 4色

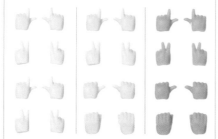
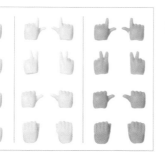

OBITSU DOLL Standard-model Vol.3
「OBT50-06 TYPE」半訂製系統
●25.925日元 ●2018年9月發售
▲身體（OBITSU身體50cm/48cm）、胸部尺寸（L/M/S）、18mm OBITSU眼珠（3種／5色），從中選一種喜歡的半訂製。妝容是06TYPE original。假髮、服裝都不附屬在內

OBITSU11用「連肩袖T恤／飛鼠褲 組合」
●各3,000日元
●2018年10月發售
◀身長調整配件對應尺寸。灰色是OBITSU商店限定

限定

換裝・Auction！2.5頭身系列「你訂購的是兔子嗎？紗路」
●9,250日元
●2019年3月發售
▶除了臉部有3種外、手腕3種、腳踝2種（鞋子以及光腳）是附屬在內的。
眨眼表情配件是Chara-ani限定特典

限定

換裝・Auction！2.5頭身系列「你訂購的是兔子嗎？紗路」
●9,250日元
●2019年3月發售
▶OBITSU 11身體的角色人偶。
附有3種表情的臉。
眨眼表情配件是Chara-ani公司限定優惠。

有任何問題請諮詢　OBITSU製作所 www.obitsu.co.jp Chara-ani www.chara-ani.com

OBITSUBODY® © OBITSU 製作所
©Koi・芳文社／訂製是製作委員會嗎？？
94

Dolly News
INFORMATION

GOOD SMILE

Harmonia bloom
「花本育」
●25,000日元
●2018年10月發售
◀2017年開始接受訂購的Harmonia bloom的第一彈終於開始發售了！

「黏土人 Emily」
●4,167日元
●2018年10月發售
◀黏土人第一彈 女孩子

「黏土人 涼」
●4,167日元
●2018年10月發售
▶黏土人第一彈 男孩子

「黏土人 愛麗絲」
●4,630日元
●2019年3月發售
◀第二彈是愛麗絲主題。僅有衣服的套組也有販售

「黏土人 白兔」
●4,630日元
●2019年3月發售
▶男孩子身體的兔子。僅有衣服的套組也有販售

「黏土人 絆愛」
●4,444日元
●2018年10月發售
▼筆記型電腦和橘子箱、動畫框佈景紙附屬在內

「黏土人 雛鶴愛」
●4,630日元
●2018年11月發售
▲小學生書包、扇子、將棋盤＆座墊附屬在內

「黏土人 萊因哈特‧馮‧羅嚴克拉姆」
●4,630日元
●2018年11月發售
▲豪華軍鑑駕駛座和蛋糕附屬在內

「黏土人 木之本櫻友枝中學制服Ver.」
●4,444日元
●2018年11月發售
▲夢之杖、小熊玩偶、書包附屬在內

「黏土人 輝夜月」
●4,444日元
●2018年11月發售
▲蝦子(？)、台詞板附屬在內

「黏土人 佐佐木琲世」
●4,167日元
●2018年11月發售
▲珈啡、書本、眼鏡、昆克附屬在內

KOTOBUKIYA

Cu-poche Friends
口袋人 「仙杜瑞拉 Cinderella」
●5,800日元
●2018年11月發售
▶包括頭飾、玻璃鞋、南瓜馬車、長髮配件

Cu-poche cos 「角色扮演偶像套裝 變裝愛麗絲」
●3.500日元　●2018年7月發售

Cu-poche cos 「角色扮演偶像套裝 Blooming Dream」
●3.500日元　●2018年8月發售

Cu-poche cos 「角色扮演偶像套裝 My Dear Vampire」
●3.500日元　●2018年9月發售

▲Cu-poche專用角色扮演「偶像大師」的服裝登場（本體不附屬在內）。KOTOBUKIYA（壽屋）限定販售

有任何問題請諮詢
GOOD SMILE COMPANY www.goodsmile.info
KOTOBUKIYA www.kotobukiya.co.jp

DOLL SHOW 53 初夏淺草

2018.5.4　at.都立產業貿易Center台東館

從手掌大小尺寸的娃娃到1/3的球體關節人偶，
各種國內和海外的娃娃聚集的祭典。
今年的初夏因為天公作美、變成心情愉快的活動日！

Catnappin

▲外部的針蹤和口袋的真實感令人震驚的60cm戶外風格。不是只有衣服，後背包和鞋子都是自己獨特的作法和原創！太厲害了！！！

▲在清爽冰淇淋色彩的商店中發現格子的家居服。水兵帶平整地縫成愛心形狀，困難度最高的E級技巧持續地展現出來，變成令人敬畏的夢幻逸品。

▼ruruko尺寸的新作連身裙是可愛的重疊圓領和三色堇圖案的連身裙，超現實主義的雪山風景照片，放在身體上的襯衫組合。這種布料真得找得到嗎？（笑）

Ice cream服裝店

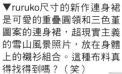
allnurds

cobee

▲填充玩偶和泰迪熊都是作者做的，還有OBITSU 11素體可搭配的「填充玩偶頭」。毛絨絨手感的熊和兔子都是只有一件的作品。

青鳥工房

▲與40cm～70cm（MSD～SD）尺寸人偶搭配的恰到好處，慎重製作發光的溫沙椅。腳邊的燈是個人私有物品，覺得蠻適合尺寸的感覺。

Angel Tiara

◀1/6人偶在把玩1/32的娃娃屋。除了芭比娃娃喜歡的粉紅色系家具之外，還有其他各種不同的顏色。旁邊的燈是可以打開發光的！

momolita

▲國內外似乎很多人偶朋友都擁有momolita老師設計的獨特Blythe，鞋子是西班牙的藝術家「TSANFW」的作品。

KEIKO IGATA

▲帽子作者IGATA老師，製作各種不同大小尺寸的夏季帽子，個性化的設計。手上現有的人偶戴著各式各樣的帽子，氣氛一下子就改變了，真是讓人心情愉快！♡

Ronsyuka Couture

▲Nanami Junko老師所設計的連身裙系列這次也是很受歡迎的！這次Ronsyuka Produce的1/3尺寸娃娃屋&室內裝潢的展示也是引人注目的。

Poupée Mécanique

◀和創作人形一起展出，從義大利來的Leo的攤位。一開場就提早賣完的展示櫃，看起來很冷清，但客人被古典高雅連身裙的存在感吸引了。

Koguma Holdings

▲Koguma HD是很受歡迎的充滿主題性的微型展示。這次以麵包屋，特別是橢圓形麵包出展！

CANOTI MOMO

▲製作如Blythe，中型尺寸帽子的CANOTI老師。這個是有點罕見的鴨舌帽型的平頂硬草帽。

Lino Merletto

▲40cm TF尺寸的連身裙。堅持完美的男子工作外套鈕釦孔，為了要精緻地製作，將前開口細分為幾個部分縫合在一起。執著的美！！

KAMIZMARKET

▶服裝、眼鏡以及別針等等，可愛人偶尺寸的創作者聚集的KAMIZMARKET。右邊的眼鏡是以常見的迷彩圖案上色的喔！

AK GARDEN 14

2018.6.17 at.都立產業貿易center台東館

小巧的人偶和公仔聚集的AK garden最近人氣越來越高漲，
會場內熱氣騰騰。
逛逛同一天舉行的微型和娃娃世界節也是很愉快的！

雜貨和人形coneru

▲因為太喜歡OBITSU 11了，不僅僅服裝、鞋子，連黏土頭都是宣稱自己製作的coneru老師的原創人偶。復古的氣氛真可愛！

CLUB M

▲吸引目光逼真的彩色樣品，1/6尺寸的樹脂製鞋子。應該被當做裝飾品的平底鞋，卻想拆下鞋子穿上它？！

jacopins

▲正好適合MEGAMI DEVICE 和picco neemo的夏天休閒服。上衣、下半身、外出服的組合，愉快的做各式各樣的搭配，真是令人高興呀！♪

baby*latte

▶OBITSU 11素體和OBITSU 21 的頭部結合，成為絕妙平衡感的original custom doll。手上抱著的熊娃娃也是源於原創的。

◀Innocentia直條紋連身裙，正好和FA girls與Desktop Army是同款設計。BABY堂老師的衣服到底小到什麼程度呢！？

下總服裝店

Chibi Minico*

▲hanauta老師著手的「Baby hana chan」和「Little Baby hana」「Pico baby hana chan」集合在一起。文化人形服是mini BABY堂老師製作的！

Milky Way

▶粉紅色和綠色的淺色點點真可愛，宇宙兔尺寸的替換連身裙。picco neemo的S、M、FA girl，Obitsu 11也可以穿！

▲兔子T和裙子，INAO老師的頸鍊和隨身配件是一組的，有點又甜又辣的搭配。為武裝神姬帶來了可愛！

ПТИЧКА

▲比Obitsu11還要小一圈，Cu poche口袋人素體專用的休閒男子服。即使是這麼小的物品，牛仔褲和褲子縫合了，真厲害！！

▶picco neemo S素體搭配的樹脂製Assault Lil' 鶴紗頭。這顆頭有一張胖嘟嘟的臉頰。場景雖是限量的…，真是好可愛啊！

冬空Gothic

第20回 doll house・miniature show

Mamagoto house（玩具廚房屋）yanaji

◀不是真實尺寸卻是精緻細密的零件，作業工程太誇張的棒槌蕾絲。用微型景觀來重現它，實在是太瘋狂了！

▶密閉性高的桐筆筒以1/10尺寸重現，獨一無二的日式筆筒職人・古市巖老師的最高作品。漆器、鎖等五金配件全部都是手工作業。

男人的miniatire

Kiko

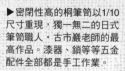

JDA韓國分部

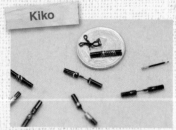

▲日幣1元的硬幣上面是與實物一樣能動的睫毛夾，及內部刷子都能重現的睫毛膏。振動少女的心，被小而可愛的世界觀所吸引。

▶連箱子和紙袋都完全複製的1/6尺寸高級品牌手提包的展示品。雖然是灰色但各式各樣都有，這樣的技術難道不厲害嗎！？

Doll World Festival

Hanabun

▲居然能完全放進火柴盒裡，小小的豆乙女人偶。頭髮似乎是用緞帶的絲線拆開做成的。細細的捲髮真可愛！

COMPASS

◀內部也完整印刷的小讀本。附有書籤還有皮套等，到處都很講究！封面看起來也是立體的照片。

PetWORKs的工作和野心
All about PetWORKs

2018.8.18～9.3 at Spiral garden

momoko DOLL等親自培養的「PetWORKs」創立20週年紀念展示會。
momoko和ruruko等娃娃事業部的作品群之外,單人飛行工具
OpenSky、Postpet的momo等等,和充滿PetWORKs夢想的事業一起相會!

▶Dollybird 24
(日文版)刊登
中村里砂老師的
momoko也有展
示。

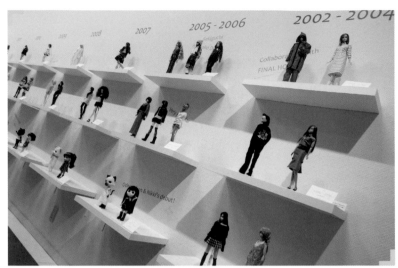

▲按照年代不同,PetWORKs娃娃們肩並肩成排的
在壁面上展示。

▲▶和「Ahcahcam」
「Shirley Temple」
共同合作的模特兒
1/1 momoko聚在一
起展示。

▲貴重的共同合作momo也有一起展示出來。

▲和古屋兔丸氏的「我想被女高中生殺死」
共同合作的ruruko boy。

▲PostPet20週年
紀念momoko和
同款的1/1刺繡運
動夾克。

▶OpenSky實物
展示。寺田克也
氏現場繪畫的盛
會!

◀和來會場遊玩的
momo妹一起照相!

UNTYPICAL展

2018.9.21～9.26 at NO. 12 GALLERY

人形服裝作家關口妙子老師久違10年舉行的第2次個展。
以音樂和流行為主題的11個momoko DOLL作品展出。
為娃娃植髮的是石毛植毛所,娃娃改造由川本有里佳老師擔當。

◀可愛的鄉村音樂女孩和純白的吉他。

▶在皮革上縫製拉鍊好像很難處理,是大師的技藝。

◀彷彿讓人看到'90年代搖滾系女孩的造型。看到不同的穿孔耳環也是很有趣的。

◀褐色美人正穿著原創印花的連身裙。

▲細緻的豹紋印花連身裙,邊緣的蕾絲是1mm寬。

▶可愛的格紋搭配。玳瑁風的眼鏡也很出色。

▲會場販售的Logo T恤。Usagii穿起來變連身裙。

◀「bad girl dolls」的迷你裙女孩們。如何能做得出均一的1mm包邊?!

▲附有內裡的中式唐裝之壓倒性的存在感!刺繡!極細的滾邊。

BOOKS

羊毛氈做的換裝娃娃 復古漂亮的小女孩

●1600日元(預售價)
●2018年11月發售
●發行商／文化出版社
●作者／Aketsun!

Aketsun!老師用羊毛氈製作的時髦娃娃們,附有替換的服裝和鞋子等等實物大的紙型。2018年12月在調布的PARCO book center有作品展示會。

▲關於作品展示詳情,請查看http://aketsun.com

UNTYPICAL
TAEKO SEKIGUCHI ART WORKS

●3,000日元 ●2018年10月發售
●發行商／Graphic社
●作者／關口妙子

人偶服裝作家關口妙子的寫真集匯集1/6娃娃服的世界,可以說是一門藝術。可以好好看看momoko們的展示。插圖、隨筆和額外的紙型也有刊登。

歐洲的迷你布萊斯風格特製人偶娃娃們

Photos：Dolly Shooter (instagram.com/dollyshooter)

MOMOLITA'S GLOBEL TOUR
人形衣裝作家Momolita
的世界旅行

Brussels
布魯塞爾版

美國的G.BABY和英國的Lounging Linda共同打造

多彩華麗的幻覺系Dolls for breakfast是男子的作品

LALA puppenhaus的可愛樣式洋裝

2018年的Blythe Con Europa在比利時首都以撒尿男童及美麗街道聞名的城市布魯塞爾舉行。

來自亞洲的經銷商參與者數量越來越多，並且可以享受世界性的交流。

在日本大有人氣的LALA Puppenhaus也有作品展示銷售，排隊的人潮非常多。

還有來自美國、英國及台灣藝術家的共同創作作品。通過SNS等，可以輕鬆地與來自遙遠國家的藝術家們一起創作，大家可以受到新構思的刺激。

在海外迷你布萊斯風格特製人偶娃娃也很受歡迎。在會場會遇到許多可愛而獨特的迷你人偶娃娃們。訂製的尼歐也達到更加進化獨特性，發現很多表情豐富的孩子們。在下一頁介紹的Lita Chan也是其中之一。

布魯塞爾的主辦者Alonso非常優秀的周密營運管理。他還將於2019年6月參與葡萄牙Blythekon的營運。已經確定一個不錯的場地。經銷商招聘結束了。一般參加的門票已於2018年10月銷售。門票很快就會銷售完畢！

International artists

採訪兩位住在比利時的藝術家：

♣關於作品，請教導創作的方法和風格。

♥最喜歡的道具是什麼？

◆給日本人偶娃娃粉絲一句話。

Lita Chan是有獨特作風的人，也是一個禮貌且溫暖的人。

她是一位高身高、很棒的女人。收集品超過100個系列。從去年開始，將人偶娃娃的眼睛特製與客人相似的樣子，並將其稱為亞洲女孩。

LITA CHAN

www.instagram.com/litachan01/
www.litachan.com

♣我非常喜歡看嬰兒的臉，也將它引入到作品創作中。有時在為客人特製人偶時，會感覺到人偶娃娃跟我述說它們想要做什麼。很喜歡在製作時像是在做木雕刻的感覺，總是挑戰新技術和工具。

♥我愛每個跟我訂購人偶娃娃的人，特別是日本的各位。因為是尼歐布萊斯出生的國家。出發到日本我所創作的人偶娃娃們，一定會覺得「回來故鄉了！」將來，我想把我的娃娃介紹給太陽東昇文化的國家。

哥倫比亞出生，居住在比利時的Alonso，一邊工作，還把人偶製作、服裝製作以及舉辦Blythekon很完美，運用自如的超人。收藏了近100個系列的布萊斯之後，現在很享受客製人偶及製作洋裝，讓世界各地很棒的朋友們能擁有。

♣經常聆聽古典和演湊輕音樂，專注於自己想要的東西並開始製作訂製作品。我的作品正從一個天真無邪的女孩，個性變得更有強烈個人的哥德式風格。還會根據人偶娃娃的個性來製作服裝。

♥對於特製訂做，通常需要三種手術刀和砂紙，而且優質的粉彩筆是必需品。縫製是使用TOYOTA廠牌的縫紉機。不久的將來預計購買JUKI廠牌。

◆我非常喜歡日本朋友。非常感謝您們！我總是抱著熱情來行動，也非常感謝能成為這麼優秀人偶娃娃的社群團體的一員。希望明年能在葡萄牙的Blythecon與大家見面。

www.instagram.com/malonsito1
www.etsy.com/shop/Honeydollscustom

HONEYDOLLS

從水野純子世界，提供了迷人的紙娃娃。
請剪下來，享受幫紙娃娃替換衣服的樂趣！
這一次的人偶娃娃在2003年發佈
由角色人物系列的「妄想少女」的
腐美（Fumi）小姐
伙伴馬斯克堤一起
經營「腐美」定食屋。

店裡的人氣偶像馬斯克堤。
藝人光臨來店時，就會嘰嘰喳喳的叫著。

夢幻
8
紙娃娃

配合服裝而製作的
頭髮飾品

特製的元氣蓋飯。讓食慾旺盛
的豬肉和大蒜！

A定食・火腿蛋

從祖母那裡繼承的
時尚包包

歡迎光臨！我是腐美唷！

招財貓。經常都是保持不
動的，但不知是否不舒
服，有時還會變換姿勢。

從過逝祖母繼承的豪華禮
服，不知在什麼場合穿
好，但是非常的喜歡。

啤酒on托盤。飲料是客人從
冰箱自取的自助式服務！

在店內有一台復古懷舊的映像管電視。
綜合電視節目、西洋電影中心。
當客戶要求棒球直播時，
我會假裝沒有聽到。

緞帶&接髮。
想要可愛甩髮的時候…

隨著商店越來越忙，
為了提高工作效率，就會變成有6肢手臂，
6種功能就能夠同時使用。
在客戶之間，
稱此現象為「觀音腐美小姐」。

豆狸先生。經常來店裡吃剩菜
也是馬斯克堤聊天的對象，
為了當作剩飯的回禮，
豆狸先生會告知賽馬的預測。

緊身工作服，
馬斯克堤用。

非常普通的睡衣。
馬斯克堤持有。

緊身工作服。在
準備餐點時動作
會很大，所以這
樣比較利落。
不容易弄髒，抗
熱性也很強。

B定食・烤鮭魚

挑戰菜單・巨型餃子。如果在時間內
不能吃完，店家就要收取5000日元！

水野純子：漫畫家・插畫家 網址：www.MIZUNO-JUNKO.com 推特：twitter.com/Junko_Mizuno IG:@junko_mizuno_art

Rubber Face animals

羊毛&人偶娃娃作家的Riryuru
用縮小模型尺寸來展示
可愛的復古橡皮臉人偶娃娃。

模特兒╱Middie Blythe（訂製的）
人偶娃娃訂製╱mimu*
裝備製作╱nuts_doll
長筒靴製作╱Yu.house

Riryuru

Rushton "Chubby Tubby"

這次介紹的是「Rushton社」的Chubby Tubby！
圓滾滾的臉頰、胖嘟嘟的身體，用橡膠做成胖胖的手腳…
Chubby這個名字真得是取得一點都沒錯♪
因為跟剛會坐的嬰兒差不多同尺寸（大約40CM），
我猜想難道不是和那個時期的嬰兒一起遊戲的好玩伴嗎？
手指甲和腳趾甲的部分應該有被當成奶嘴吧！有些孩子似乎還殘留著啃咬的痕跡。
睫毛是用手工層層重疊描繪的，所以每一個都存在著不同的個體差異。
是1950年的橡膠臉娃娃的代表♪

Chubby Tubby (Basic)

橡膠臉娃娃很多都是色彩繽紛毛絨絨的孩子，
但Chubby Tubby的基本配色卻是時尚的黑色×膚色。
大耳朵裡放入鈴鐺，搖晃時發出叮鈴叮鈴可愛的音色。
製作成各種不同的大小尺寸。

染成大地色系的連身裙是nuts_doll的作品，皮革質感的靴子是Yu.house製作的

Chubby Tubby (Whaite)

像雪一樣純白的毛皮孩子，
不可否認地是很少見的。
橡膠部分和Basic（基本款）
是一樣的，瞳孔中也是有畫上眼白。

Growler Bear

一瞬間誤以為是Chubby Tubby的這個孩子是
GUND社的Growler Bear。和Chubby Tubby
做比較，不同的地方是手和腳的橡膠部分比較
小，臉上的毛比較細緻，鼻子比較高挺。
Growler Bear的大小尺寸也不相同。
實際上MyToy社也有和Chubby Tubby相似的
孩子，當時這樣的臉可能很受歡迎呢！

Chubby Tubby (Special)

相當稀有的抱著小熊玩偶的
Chubby Tubby。似乎有穿著毛
皮的褲子，還有白色×淺藍色、
黃色×黃綠毛皮的孩子。

mimu*改裝的Middie Blythe，緊緊地嘬在一起的嘴唇和雀斑非常可愛。

◀身體是毛絨做的，臉是用FIMO樹脂黏土定型之後，用壓克力原料畫上顏色。

Dreaming Tiny Room

#3 Mantelpiece

designed by MAKI

使用道具

美工刀、錐子、尺、木工用黏合劑（快乾型）、牙籤、切割墊、三角旗用的線（風箏線、中國結用的線等）

製作方法

①配件表面的四周標有「▲」記號，用刀子的前端做上記號，接下來從裏面把尺墊上，用錐子把記號連結，再用美工刀的背面畫出摺線的引導線。※在使用美工刀畫出摺線的引導線時，力道增減要注意。

②全部的零件切割下來，沿著①的摺線引導線摺好。

③每個配件用黏合劑貼上組裝完成。

重點

· 黏貼之前，先暫時組合起來看一下外觀再用黏合劑黏組合固定。

· 黏合劑用牙籤取最少量，薄薄地延展塗抹，黏貼組合，黏合劑裡的水份讓紙張變得比較容易彎曲。

· 組合的時候，如果紙張有突出，傾斜情況發生的話，可以將紙張剪裁進行調整。

House Lantern

Round Box
--- Put Glue

Flag Garland
Kite String or Cord

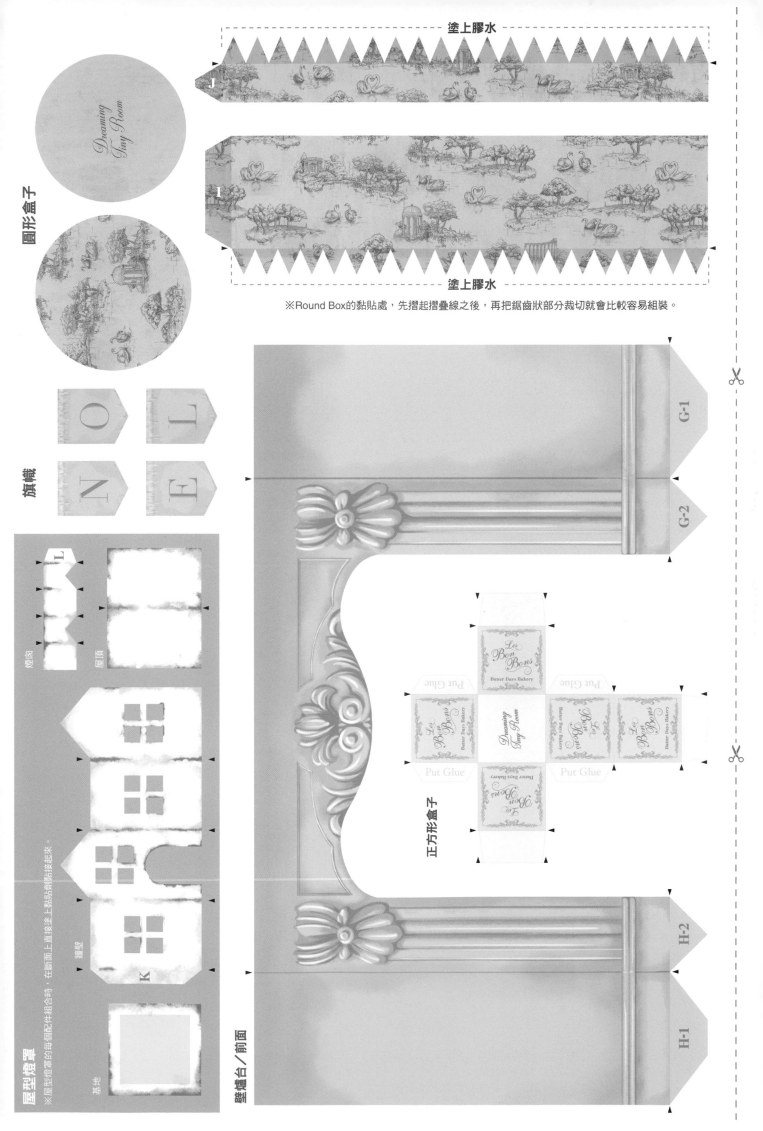

圓形盒子

Dreaming Tiny Room

塗上膠水

J

I

塗上膠水

※Round Box的黏貼處，先摺起摺疊線之後，再把鋸齒狀部分裁切就會比較容易組裝。

旗幟

N O L

N E

屋型燈罩

※屋型燈罩的每個配件組合時，在斷面上直接塗上黏貼劑點黏起來。

煙囪

屋頂

L

牆壁

K

基地

G-1

G-2

正方形盒子

Les Bon Bons

Butter Days Bakery

Put Glue

Put Glue

Le Bon Bons

Butter Days Bakery

Dreaming Tiny Room

Le Bon Bons

Butter Days Bakery

Les Bon Bons

Butter Days Bakery

Put Glue

Put Glue

Le Bon Bons

Butter Days Bakery

壁爐台／前面

H-2

H-1

J

I

A-1

A-2

K

L

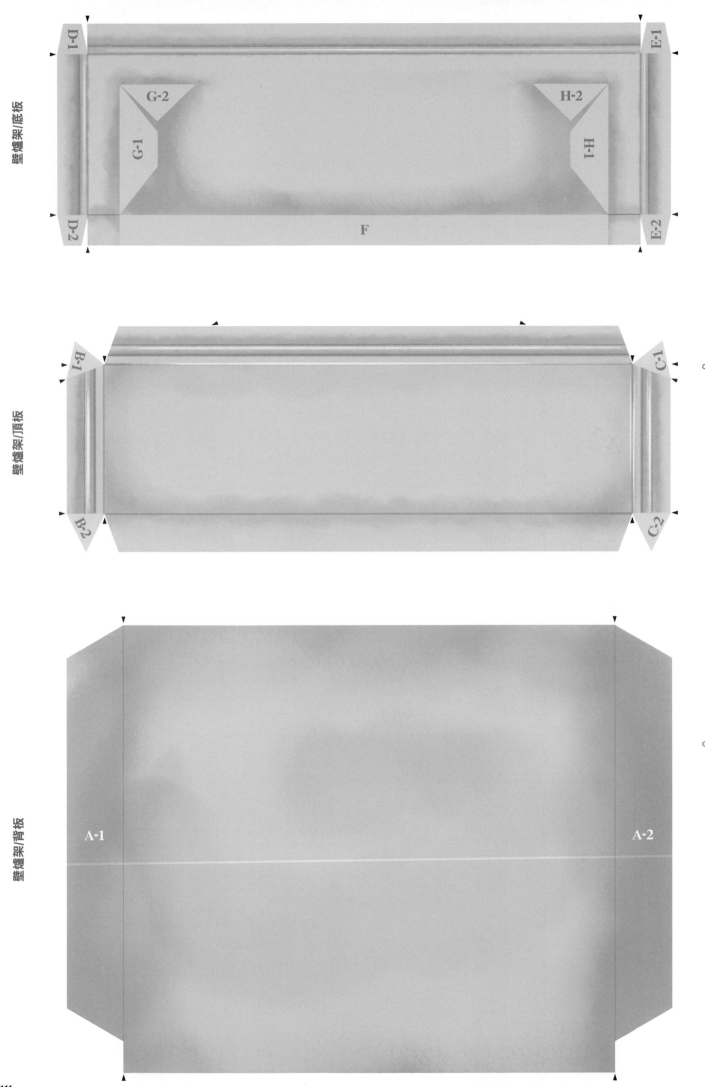

壁爐架/底板

D-1 E-1
G-2 H-2
G-1 H-1
D-2 F E-2

壁爐架/頂板

B-1 C-1
B-2 C-2

壁爐架/背板

A-1 A-2

E-2

D-2

C-1

B-1

C-2

B-2

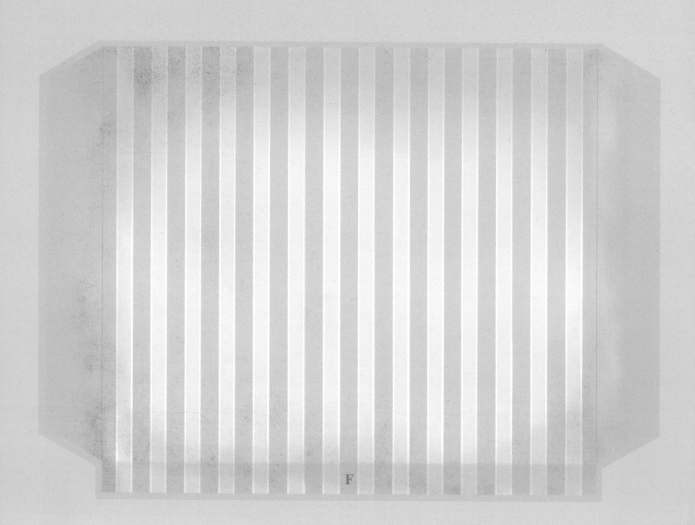

F

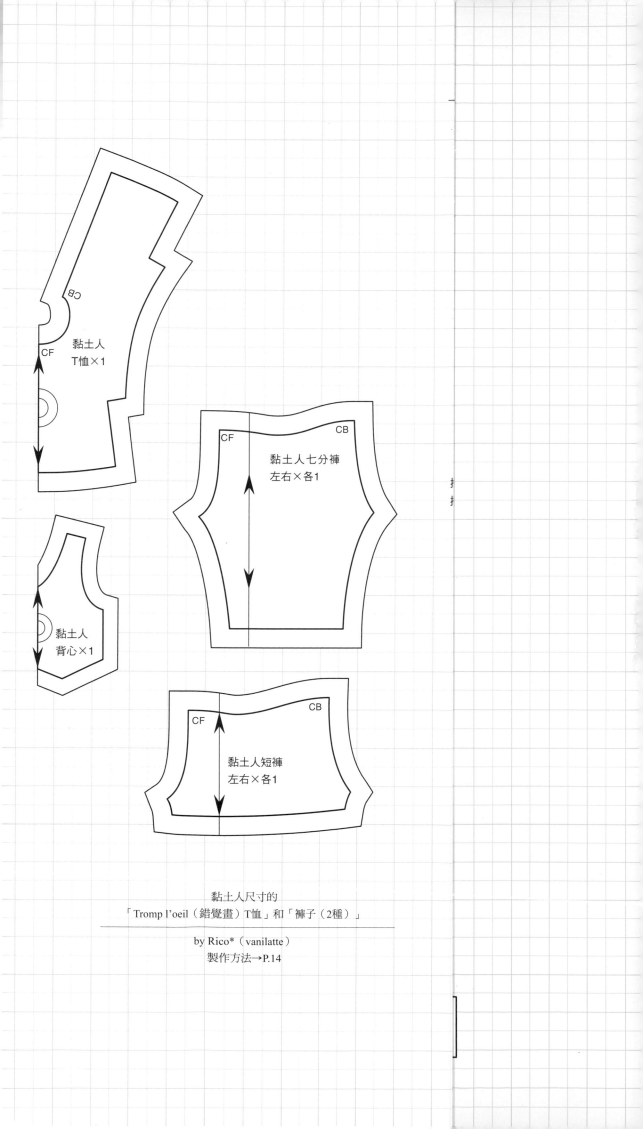

黏土人
T恤×1

CB

CF

黏土人
背心×1

黏土人七分褲
左右×各1

CF

CB

黏土人短褲
左右×各1

CF

CB

黏土人尺寸的
「Tromp l'oeil（錯覺畫）T恤」和「褲子（2種）」

by Rico*（vanilatte）
製作方法→P.14

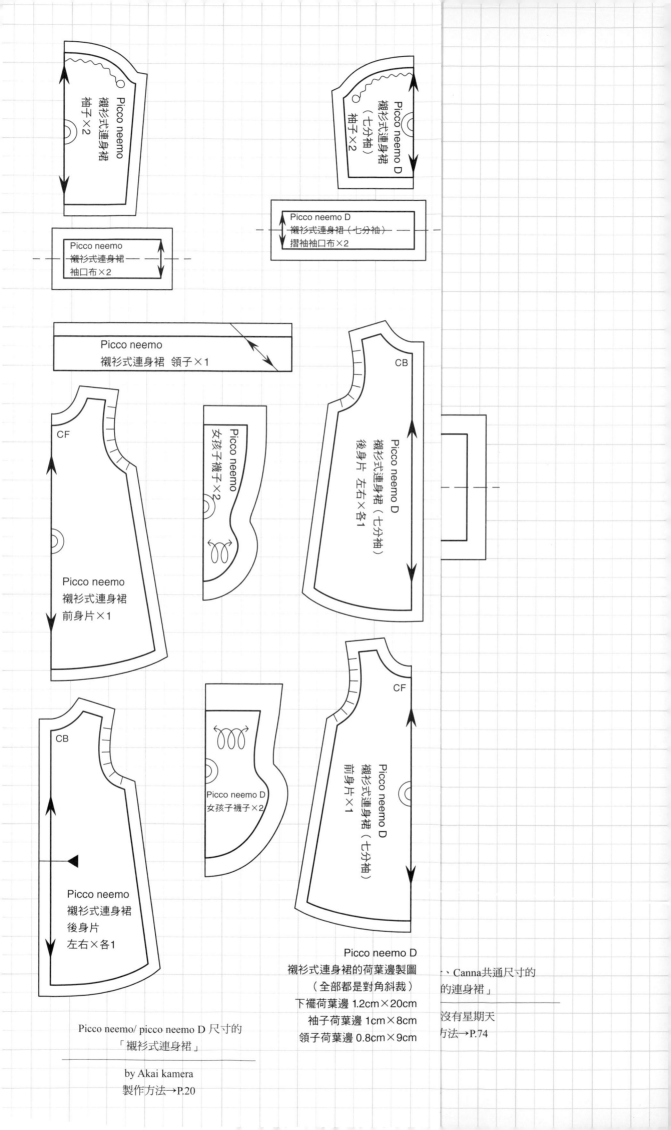

Picco neemo
襯衫式連身裙
袖子×2

Picco neemo D
襯衫式連身裙
（七分袖）
袖子×2

Picco neemo D
襯衫式連身裙（七分袖）
摺袖袖口布×2

Picco neemo
襯衫式連身裙
袖口布×2

Picco neemo
襯衫式連身裙　領子×1

Picco neemo
女孩子襪子×2

CB

Picco neemo D
襯衫式連身裙（七分袖）
後身片　左右×各1

CF

Picco neemo
襯衫式連身裙
前身片×1

CB

Picco neemo
襯衫式連身裙
後身片
左右×各1

Picco neemo D
女孩子襪子×2

CF

Picco neemo D
襯衫式連身裙（七分袖）
前身片×1

Picco neemo D
襯衫式連身裙的荷葉邊製圖
（全部都是對角斜裁）
下襬荷葉邊 1.2cm×20cm
袖子荷葉邊 1cm×8cm
領子荷葉邊 0.8cm×9cm

、Canna共通尺寸的
的連身裙」

沒有星期天
方法→P.74

Picco neemo/ picco neemo D 尺寸的
「襯衫式連身裙」

by Akai kamera
製作方法→P.20

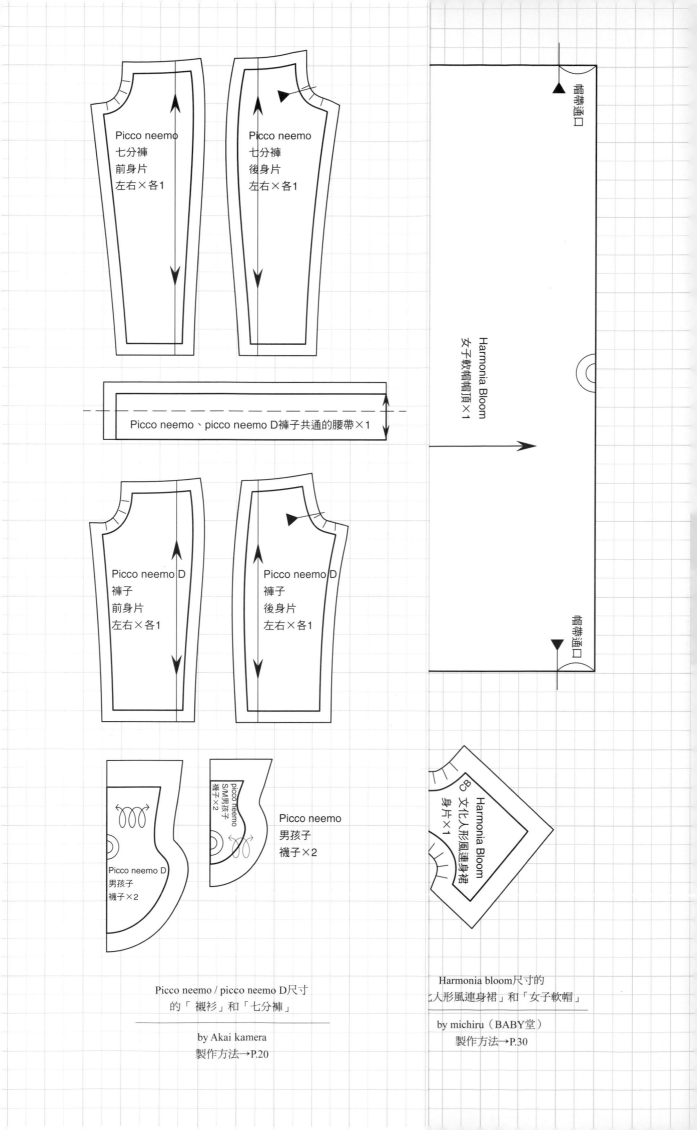

Picco neemo
七分褲
前身片
左右×各1

Picco neemo
七分褲
後身片
左右×各1

Picco neemo、picco neemo D褲子共通的腰帶×1

Picco neemo D
褲子
前身片
左右×各1

Picco neemo D
褲子
後身片
左右×各1

Picco neemo D
男孩子
襪子×2

picco neemo
S/M男孩子
襪子×2

Picco neemo
男孩子
襪子×2

帽帶通口

Harmonia Bloom
女子軟帽帽頂×1

帽帶通口

C3
Harmonia Bloom
文化人形風連身裙
身片×1

Picco neemo / picco neemo D尺寸
的「襯衫」和「七分褲」

by Akai kamera
製作方法→P.20

Harmonia bloom尺寸的
化人形風連身裙」和「女子軟帽」

by michiru（BABY堂）
製作方法→P.30

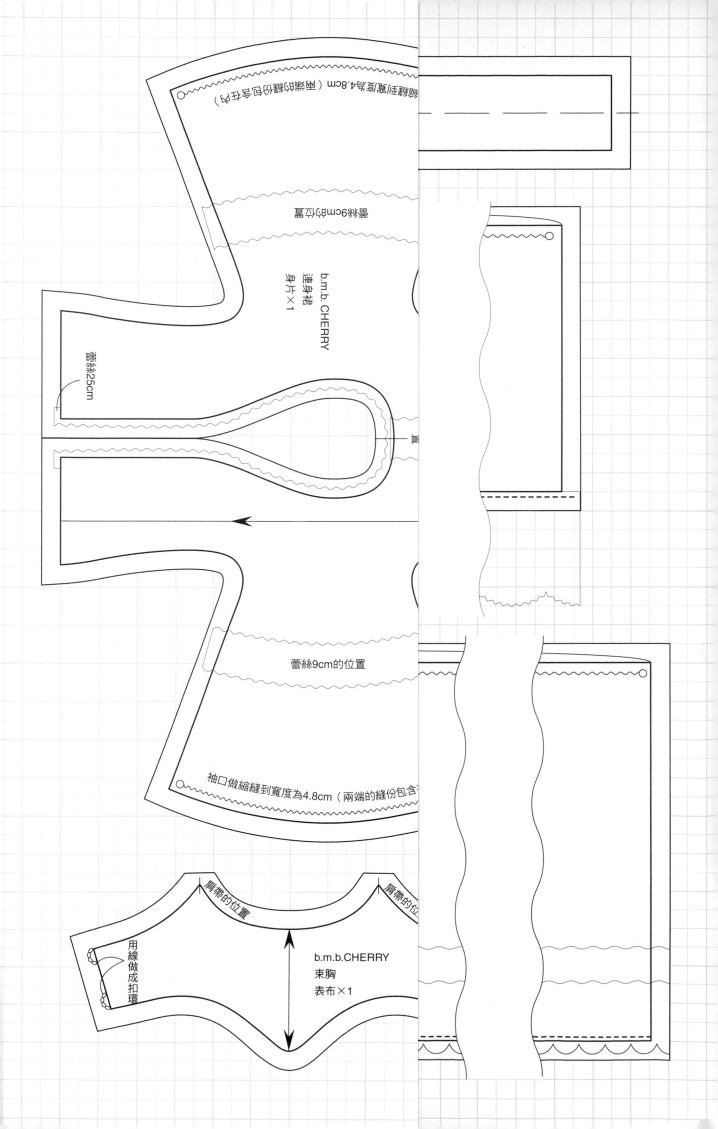

縮縫縫到寬度為4.8cm（兩端的縫份包含在內）

蕾絲9cm的位置

b.m.b.CHERRY
連身裙
身片×1

蕾絲25cm

蕾絲9cm的位置

袖口做縮縫到寬度為4.8cm（兩端的縫份包含

肩帶的位置   肩帶的位置

b.m.b.CHERRY
束胸
表布×1

用線做成扣環